La litigación climática en Estrasburgo

Consideraciones acerca del papel del Juez europeo de derechos humanos en la lucha contra el cambio climático

Sergio Salinas Alcega (coord.)

La litigación climática en Estrasburgo

Consideraciones acerca del papel
del Juez europeo de derechos humanos
en la lucha contra el cambio climático

PRENSAS DE LA UNIVERSIDAD DE ZARAGOZA

© Sergio Salinas Alcega (coord.)
© De la presente edición, Prensas de la Universidad de Zaragoza
(Vicerrectorado de Cultura y Patrimonio)
1.ª edición, 2025

La presente publicación ha sido posible gracias a la ayuda prestada por el Instituto Universitario de Ciencias Ambientales (IUCA) de la Universidad de Zaragoza.

Prensas de la Universidad de Zaragoza. Edificio de Ciencias Geológicas, c/ Pedro Cerbuna, 12
50009 Zaragoza, España. Tel.: 976 761 330
puz@unizar.es   http://puz.unizar.es

uⁿℯ Esta editorial es miembro de la UNE, lo que garantiza la difusión y comercialización de sus publicaciones a nivel nacional e internacional.

ISBN 978-84-1340-932-0
Impreso en España
Imprime: Servicio de Publicaciones. Universidad de Zaragoza
D.L.: Z 1723-2025

PRESENTACIÓN

La sentencia y las dos Decisiones de inadmisibilidad adoptadas por el Tribunal Europeo de Derechos Humanos el 9 de abril de 2024 representan la llegada a Estrasburgo de un fenómeno *a la moda* como es el de la litigación climática. La trascendencia de esos pronunciamientos no solo ha sido subrayada por la doctrina, sino que ha sido puesta de manifiesto por el propio Tribunal por medio del *iter* procesal de las demandas mencionadas. No en vano, con estos pronunciamientos el Juez europeo comienza a fijar pautas jurisprudenciales que servirán para posteriores demandas que puedan llegar ante él con ese mismo contenido. De hecho, son ya varios los asuntos pendientes que el Tribunal ha preferido dejar en suspenso a la espera de estos primeros pronunciamientos.

En realidad, el Tribunal de Estrasburgo no es ni mucho menos un caso aislado en relación con la litigación climática, ni siquiera en el plano de la justicia internacional, pero las peculiaridades del sistema de protección de los derechos humanos puesto en marcha por el Convenio de Roma de 1950 exigen un tratamiento cuidadoso de este tipo de asuntos. En efecto, los rasgos distintivos del litigio climático, en particular su alcance global, se combinan con la naturaleza particular del sistema del Convenio, especialmente el carácter jurídicamente obligatorio de las sentencias del Tribunal, distinguiendo este marco de otros, tanto a nivel nacional como internacional, en los que la aproximación a la litigación climática puede ser distinta. Baste con citar a este respecto el caso de Comités intergubernamentales, como el Comité de Derechos Humanos o el Comité de los Derechos del Niño, que ya han tenido ocasión de pronunciarse al respecto.

En ese sentido, debe señalarse que en torno al papel que el Juez puede jugar en la reacción contra el cambio climático se ha ido generando una sensación de último recurso que permita resolver las carencias que la misma plantea a nivel político, tanto interno como sobre todo internacional. Carencias que no es descabellado pensar que puedan profundizarse en estos tiempos de negacionismo acientífico que nos asolan. Sin embargo, la aportación de la litigación a la lucha contra el cambio climático debe abordarse de manera que no se creen falsas expectativas que terminen generando el efecto contrario al que se pretendía. Es difícilmente discutible que esta puede ser una herramienta más en ese combate contra el calentamiento global de origen antrópico, y de importancia ni mucho menos desdeñable, pero conviene tener en consideración lo que el Juez puede aportar a ese respecto y cuál debe ser su papel, que en ningún caso puede ser el de sustituir al legislador, para integrar este instrumento en la panoplia de herramientas con las que hacer frente a uno de los desafíos principales de la humanidad en un próximo futuro.

Esta monografía, resultado de una jornada celebrada el pasado 20 de mayo de 2024 con la participación de quienes se integran en este libro, se inscribe en ese objetivo, centrando el foco en la litigación climática en el marco del sistema del Convenio y de la mano de especialistas de prestigio en su funcionamiento. Nuestra pretensión no es otra que reflexionar acerca del papel del Juez de Estrasburgo, y por extensión del Juez internacional de derechos humanos, en ese plano de la litigación climática, abordando esta cuestión desde distintas aproximaciones que tienen en cuenta aspectos diferentes del funcionamiento del Tribunal con el foco puesto no solo en las demandas climáticas ya resueltas sino, lo que es incluso más importante, las que pueden llegar en el futuro. No debe olvidarse que la combinación antes señalada de los rasgos definitorios del cambio climático y la naturaleza específica del sistema del Convenio conducen a que la litigación climática represente un riesgo para la subsistencia misma de dicho sistema.

En ese sentido, se combinan aproximaciones de carácter más general con otras que se centran en aspectos concretos del procedimiento en Estrasburgo. Respecto de los primeros se incluyen las reflexiones de Laurence Burgorgue-Larsen, profesora de la Universidad París 1 Panteón-Sorbona y reconocida especialista en el sistema del Convenio, en relación con los distintos equilibrios que el Tribunal se ha visto obligado a respetar a la hora de adoptar los pronunciamientos citados. En ese mismo plano general, Alfonso de Salas, antiguo jefe de la División de la cooperación intergubernamental en materia de derechos humanos del Consejo de Europa, se ocupa del lugar de la lucha contra el cambio climático en el contexto de la cooperación intergubernamental que se desarrolla en el Consejo de Europa, abordando los avatares seguidos en el camino hacia un eventual Protocolo adicional al Convenio consagrando de forma expresa un derecho a un medio ambiente adecuado, y de forma más precisa quizá un derecho a un clima estable.

En el plano del análisis de aspectos más concretos puede señalarse el estudio del profesor Enrique Martínez Pérez, de la Universidad de Valladolid, en relación con el reconocimiento del papel de las asociaciones como instrumentos para una protección colectiva frente a las amenazas contra el cambio climático. Y quien escribe esta presentación que se centra en la cuestión de la posible aplicación extraterritorial del Convenio, que en el caso de la litigación climática presenta riesgos que no deben desdeñarse. Y, por último, pero no menos importante, debe apuntarse al estudio que lleva a cabo Fredrik Sundberg, antiguo jefe del Departamento de Ejecución de Sentencias del Tribunal de Estrasburgo, acerca de la posterior ejecución de las eventuales sentencias que el Tribunal pueda adoptar en relación con demandas climáticas.

Con todo ello se pretende, como ya se señaló, aportar elementos al debate de una cuestión crucial como es la del papel del Juez en relación con la lucha contra el cambio climático. Y ello desde el convencimiento de la trascendencia de esa herramienta, pero también con una aproximación crítica y realista que se estima imprescindible para que esta herramienta coadyuve a la reacción imprescindible, cada vez más, frente a un fenómeno que amenaza el futuro de la humanidad tal como hoy lo concebimos.

No obstante, esta presentación no podría concluir sin reflejar de forma expresa el agradecimiento al Instituto de Ciencias Ambientales de la Universidad de Zaragoza cuyo apoyo ha sido esencial para que este estudio vea hoy la luz.

Sergio Salinas Alcega
Catedrático de Derecho Internacional Público.
Miembro del Grupo de Investigación AGUDEMA
(Agua, Derecho y Medio Ambiente) y del Instituto Universitario
de Ciencias Ambientales (IUCA) de la Universidad de Zaragoza

Zaragoza, 12 de febrero de 2025

1.
LAS TRES CARAS DEL JUEZ EUROPEO EN LOS CASOS CLIMÁTICOS: PROFESOR, PRUDENTE Y AUDAZ

Laurence Burgorgue-Larsen[1]

Un fermento doctrinal sin igual. Aunque las dramáticas consecuencias del cambio climático ya son visibles —transformando la vulnerabilidad de los seres humanos y del planeta en un nuevo paradigma—, hay una repercusión de este fenómeno que pasa desapercibida para el gran público. Y, sin embargo, no es menos importante. Se trata del aumento exponencial de la producción doctrinal sobre el tema. Ya sea en el ámbito de las ciencias duras o en el de las humanidades, investigadores de todo el mundo están abordando de frente el que es uno de los mayores retos a los que se enfrenta la humanidad: analizar las consecuencias del Antropoceno para las condiciones de vida en la Tierra.

En el ámbito de la investigación jurídica, se dan todos los ingredientes para atraer a los investigadores consagrados y fascinar a los más jóvenes. La creación de una nueva rama del derecho, el derecho del clima,[2] y

---

1 Profesora de Derecho Público en la Facultad de Derecho de La Sorbona (Universidad de París 1). Miembro del Instituto de Investigación en Derecho Internacional y Europeo de La Sorbona (IREDIES).
2 S. Salinas Alcega, *El cambio climático: entre cooperación y conflicto,* Madrid, Thomson-Reuters, Aranzadi, 2014, 286 pp.; S. Salinas Alcega (dir.), *La lucha contra el cambio climático. Una aproximación desde la perspectiva del derecho,* Valencia, Tirant lo Blanch, 2020, 444 pp.; C. Huglo, *Le contentieux climatique: une révolution judiciaire mondiale,* Bruselas, Bruylant, 2018, 396 pp. La aparición de litigios climáticos también

los consiguientes litigios climáticos; la aparición de interpretaciones geopolíticas e históricas de las cuestiones climáticas;[3] a veces incluso el desarrollo de enfoques feministas;[4] y la existencia de importantes *disputas.* Una de ellas es especialmente sintomática de la existencia de resistencias a la presentación de propuestas innovadoras. Por un lado, un gran número de juristas se han convertido en pensadores creativos para proponer soluciones que muevan las líneas, es decir, para presionar a los Gobiernos para que se tomen en serio la necesidad de actuar para mitigar los efectos nocivos de la actividad humana. Junto a los activistas propiamente dichos, son innumerables las propuestas de los investigadores para utilizar la rama del Derecho internacional de los derechos humanos, y más concretamente los órganos de protección de los derechos humanos, para influir en el derecho climático. Así pues, el *human rights turn* está haciendo su aparición en los litigios sobre el clima.[5] Se están tendiendo puentes entre distintas ramas del Derecho internacional (Derecho medioambiental, Derecho climático, Derecho de los derechos humanos, Derecho de sociedades); se están creando instituciones[6] y se están trazando las líneas generales de las nuevas obligaciones de los Estados.[7]

---

ha dado lugar a la creación de nuevas crónicas, por ejemplo, la « Chronique annuelle de droit climatique » de C. Cournil, S. Lavorel en la *Revue Juridique de l'Environnement (RJE)* o la más reciente « Chronique sur la justice climatique en Europe » de D. Misonne, M. Torre-Schaub y A. Adam en *Revue Trimestrielle de Droits de l'Homme (RTDH).*

3   L. Benjamin, «Racial Capitalism and Climate Change: Colonialism and Climate law policy in the Commonwealth», *Wisconsin International Law Journal,* 41 (1) (2024), pp. 577-612. Del mismo modo, para un análisis que muestra que la atención doctrinal se centró inmediatamente en los litigios climáticos en el *Norte Global,* mientras que un cambio de enfoque hacia el *Sur Global* revela interesantes particularidades y originalidades de los litigios, J. Peel y J. Lin, «Transnational Climate Litigation: The Contribution of the Global South», *AJIL,* 113 (4) (2019), pp. 679-726.

4   N. U. Gutiérrez, «Gender in Climate Litigation in Latin America: Epistemic Justice Through a Feminist Lens», *JHRP,* 16 (1) (february 2024), pp. 208-226.

5   J. Fraser y L. Henderson, «The Human Rights Turn in Climate Change Litigation and Responsibilities of Legal Professionals», *NQHR,* 40 (1) (2022), pp. 3-11.

6   Creación de un mandato para un *Relator Especial sobre la promoción y protección de los derechos humanos en el contexto del cambio climático,* Resolución 48/14 adoptada en octubre de 2021 por el Consejo de Derechos Humanos de las Naciones Unidas.

7   PNUMA (Programa de las Naciones Unidas para el Medio Ambiente), *Climate change and Human Rights,* PNUMA con Columbia Law School, 2016, 56 pp. (informe redactado por M. Burger y J. Wentz, con aportaciones de J. Knox y supervisión de Arnold Kreilhuber).

En este contexto, el vínculo establecido entre el cambio climático y los derechos humanos, tanto a nivel normativo como estratégico, es analizado por la gran mayoría de los autores como una necesidad absoluta, susceptible de provocar cambios concretos en la actuación de los Estados; otros, en cambio, más minoritarios, lo ven como una dulce quimera, donde la confusión y la ingenuidad están en su firmamento.[8] A estas alturas, las «3 decisiones climáticas» dictadas el 9 de abril de 2024[9] por la Gran Sala del Tribunal Europeo vuelven a barajar las cartas en esta *disputatio*. Es cierto que no son las primeras manifestaciones de la acción climática a escala internacional.[10] Sin embargo, el Tribunal Europeo es, de hecho, el primer *tribunal internacional* que se pronuncia sobre la viabilidad de utilizar el Derecho internacional de los derechos humanos para combatir los efectos negativos del cambio climático, animando a los Estados a reducir

---

8   Para Alan Boyle, las causas, los efectos y las responsabilidades asociadas al cambio climático son «demasiado numerosas y están demasiado extendidas como para responder de forma útil a reivindicaciones individuales de derechos humanos o a análisis por referencia a derechos humanos concretos», véase «Climate change, the Paris Agreement and Human Rights», *ICLQ*, 67 (2018), pp. 759-777. En el mismo sentido, nos remitimos a la *disputatio* que tomó cuerpo entre Corina Heri y Alexander Zahar que, junto con Benoît Mayer, son autores muy críticos con el uso estratégico del Derecho internacional de los derechos humanos para impulsar las políticas climáticas de los Estados: C. Heri, «Climate Change before the European Court of Human Rights: Capturing Risk, III-Treatment and Vulnerability», *EJIL*, 33 (2022), pp. 925-951; A. Zahar, «The Limits of Human Rights: A Reply to Corina Heri», *EJIL*, 33 (2022), pp. 953-959. Un artículo de Benoît Mayer publicado en 2021, igualmente crítico con el uso del Derecho internacional de los derechos humanos en materia climática, se ha convertido en la punta de lanza de los «conservadores»: «Climate Change Mitigation as an Obligation Under Human Rights Treaties?», *AJIL*, 115 (2021), pp. 409-451. Considera que el cumplimiento de las obligaciones de los Acuerdos de París depende únicamente de la voluntad soberana de los Estados, y que solo la cooperación interestatal puede producir resultados positivos en este ámbito.

9   TEDH, Gran Sala, 9 de abril de 2024, *Verein KlimaSeniorinnen Schweiz y otros c. Suiza*; TEDH, Gran Sala, dic., 9 de abril de 2024, *Duarte Agostinho y otros c. Portugal y otros 32*; TEDH, Gran Sala, dic., 9 de abril de 2024, *Carême c. Francia. Francia*. Todos los extractos de las sentencias son traducciones personales del francés al español. Para un comentario global de estas sentencias, S. Salinas Alcega, «Litigación climática en Estrasburgo. Obstáculos y aportes del Derecho a un clima estable desde la perspectiva del esfuerzo de mitigación», *Revista Española de Derecho Europeo*, 92 (octubre-diciembre de 2024), pp. 95-136.

10   Para una visión muy detallada de las numerosas acciones climáticas presentadas ante los organismos internacionales, véase R. Luporini y A. Savaresi, «International Human Rights bodies and climate litigation: Don't look up?», *RECIEL*, 32 (2023), pp. 267-278.

sus emisiones de gases de efecto invernadero. Al hacerlo, está marcando el ritmo de los litigios en este ámbito. No es poco en un universo judicial (internacional y nacional) en el que cada tribunal examina las decisiones de los demás, para inspirarse en ellas o, por el contrario, apartarse de ellas. En cualquier caso, confirma la importancia del papel asignado a los tribunales.[11] Después de los tribunales nacionales, ahora son los tribunales internacionales los que se están convirtiendo en importantes *key players* en el desarrollo de una nueva gobernanza mundial del clima.

Después de que los pueblos indígenas,[12] los niños[13] y una persona desplazada que afirma ser un 'refugiado climático'[14] abrieran el camino estratégico ante varios órganos cuasi judiciales, ahora es el turno de los 'vulnerables', es decir, los niños, pero también los ancianos, de proseguir la estrategia de litigio ante el Tribunal Europeo.[15] Estos demandantes climáticos utilizan así el derecho de petición individual (art. 34 de la Convención) para exponer lo que consideran su extrema vulnerabilidad.

Los tres casos se refieren a escenarios diferentes. El caso suizo *(Verein KlimaSeniorinnen Schweiz)* fue presentado ante el Tribunal por una asociación, las «Mujeres mayores para la protección del clima» (con más de 2000 miembros de 73 años de media) y cuatro de sus miembros.[16] Las

---

11   J. Setzer y L. C. Vanhala, «Courts and climate governance: A global perspective», *Global Environmental Politics,* 19 (3) (2019), pp. 1-24.

12   Com. IADH, 12 de agosto de 2005, *caso de Sheila Watte-Cloutier et a. en nombre del Pueblo Inuit (Petición a la Comisión Interamericana de Derechos Humanos en busca de alivio de las violaciones resultantes del calentamiento global causado por actos y omisiones de los Estados Unidos* (decisión de inadmisibilidad emitida el 11 de junio de 2006; Com. IADH, 23 de abril de 2013, *Athabaskan Peoples case (Petition Seeking Relief from Violations of the Rights of Arctic Athabaskan Peoples Resulting from Rapid Arctic Warming and Melting Caused by Emissions of Black Carbon by Canada) (aún pendiente el 2 de septiembre de 2024;* Comité de Derechos Humanos (CDH), 22 de septiembre de 2022, *Billy and others v. Australia (Torres Strait case)* (CCPR/C/135/D/3624/2019).

13   Comité de los Derechos del Niño (CRC), 8 de octubre de 2021, *Sacchi y otros c. Argentina* (CRC/C/88/D/106/2019).

14   Comité de Derechos Humanos (CDH), 7 de enero de 2020, *Ioane Teitiota c. Nueva Zelanda* (CCPR/C/127/D/2728/2016).

15   Solo la solicitud del alcalde de Grande-Synthe, el Sr. Carême, no es propiamente la de una persona vulnerable, aunque haya invocado en el marco de su solicitud problemas de asma derivados del cambio climático.

16   TEDH, Gran Sala, 9 de abril de 2024, *Verein KlimaSeniorinnen Schweiz y otros, op. cit.,* § 4.

«diversas omisiones de las autoridades suizas en materia de mitigación del cambio climático» constituyen el núcleo de su demanda, en la que se invoca la violación de los artículos 2, 6, 8 y 13 de la Convención. El caso portugués *(Duarte Agostinho)* fue el más mediático, no solo por la edad de los demandantes (jóvenes nacidos en 2000, 2004, 2005 y 2008, apoyados simbólicamente por el icono moderno Greta Thunberg), sino también por el número de Estados demandados implicados (Portugal y otros 32 Estados del Consejo de Europa).[17] Estos jóvenes demandantes se consideran «amenazados por el cambio climático» y «angustiados al pensar en los efectos [que] podría tener sobre ellos y sus familias», en particular desde que los incendios que asolaron parte de Portugal en 2017 se extendieron cerca de sus hogares.[18] Se quejaron de que sus derechos en virtud de los artículos 2, 3, 8 y 14 habían sido violados «debido a los efectos presentes y futuros graves del cambio climático». El caso francés ha sido presentado por el exalcalde de Grande-Synthe, ahora diputado en el Parlamento Europeo, Damien Carême. Representado por la abogada y exministra de Medio Ambiente, Corine Lepage, alega que las medidas adoptadas por Francia para luchar contra el cambio climático son «insuficientes» y que estas deficiencias violan los artículos 2 y 8 de la Convención.[19]

De estos tres asuntos, el suizo dio lugar a un *leading case* (un *arrêt de principe*) que ya ha dejado su impronta en la historia de los litigios climáticos. En ella, el Tribunal expone de forma extremadamente detallada y pedagógica —como un *profesor* (I)— los principios climáticos que serán su brújula analítica en los años venideros. Esto le proporciona una poderosa base argumentativa para su visión procesal y sustantiva del tema. Cada vez, tras exponer todos los puntos de vista que saca a la luz —los de los demandantes, los Estados (demandados y terceros coadyuvantes), numerosas ONG de protección del medio ambiente y del clima, profesores, expertos y organismos oficiales— es una vía intermedia la que traza la Gran Sala y que aplica a los asuntos francés y portugués. Con ello, el Tribunal Europeo es a veces razonable (II) y a veces audaz (III). Equilibrio —el símbolo de la Justicia— una y otra vez.

---

17   TEDH, Gran Sala, 9 de abril de 2024, *Duarte Agostinho y otros, op. cit.,* § 14.
18   *Ibid.,* § 66.
19   TEDH, Gran Sala, 9 de abril de 2024, *Carême, op. cit.,* § 3.

I. El *juez como profesor* o la promulgación de principios climáticos

Con 252 páginas (sin contar el voto particular del juez británico), la sentencia *Verein KlimaSeniorinnen Schweiz* se toma el tiempo de presentar *unas observaciones introductorias* completadas por un título *ad hoc* titulado *Consideraciones generales sobre los litigios en materia de cambio climático* en el contexto del análisis de los artículos 2 y 8. Estos pasajes constituyen ni más ni menos que la espina dorsal de la argumentación del Tribunal de Justicia: el marco analítico que en ellos se presenta sirve de punto de referencia para los otros dos asuntos juzgados el 9 de abril de 2024 y para todos los que sin duda se plantearán en el futuro. Los doce primeros apartados («Observaciones introductorias» / «*Remarques liminaires*»)[20] esbozan los contornos de la competencia del Tribunal en el contexto des *questions inédites,*[21] mientras que los 34 restantes («Consideraciones generales»), abordan la complejidad del tratamiento judicial de los efectos del cambio climático.[22] Cuando el Tribunal da un vuelco a la presentación tradicional de estos argumentos, sabemos que estamos ante una sentencia de principio, siguiendo el ejemplo de la legendaria sentencia *Demir y Baykara*.[23] El juez se convierte en un maestro, como un profesor. Es imperativo que se le entienda, de lo contrario el público quedará desconcertado y perplejo.

Se abordan tres cuestiones principales. La cuestión de la democracia, en la medida en que se solicita la intervención del juez internacional en ámbitos altamente políticos (A); la singularidad de la manifestación y los efectos del cambio climático en comparación con los litigios medioambientales tradicionales (B); por último, la importancia de encontrar una

---

20 TEDH, Gde Ch., 9 avril 2024, *Verein KlimaSeniorinnen Schweiz et autres, op. cit.,* § 410-422.
21 *Ibid.,* § 414: «El presente asunto, junto con los dos asuntos juzgados por la misma Gran Sala […], plantea al Tribunal *cuestiones novedosas*» (cursivas añadidas).
22 *Ibid.,* § 423-457.
23 TEDH, Gran Sala, 12 de noviembre de 2008, *Demir y Baykara c. Turquía*. Véase el examen de la metodología bajo el epígrafe «Interpretación del Convenio a la luz de otros tratados internacionales» (§ 60-86) y, en particular, el punto 3 titulado «La práctica de la interpretación de las disposiciones del Convenio a la luz de textos e instrumentos internacionales distintos del Convenio» (§ 65-86).

interpretación pertinente de los derechos de la Convención en el contexto climático (C).

A. La cuestión democrática

Si bien la Gran Sala comienza reconociendo que «el cambio climático es uno de los problemas más preocupantes de nuestro tiempo»,[24] enuncia inmediatamente los principios que guían su trabajo y de los que no puede (o no quiere) apartarse.[25] Menciona la responsabilidad primordial del «político», más concretamente del legislador que, sobre la base de un «proceso democrático de toma de decisiones» debe adoptar medidas destinadas a combatir los efectos nocivos del cambio climático. La referencia encantará no solo al Gobierno demandado,[26] sino también a dos de los ocho Gobiernos intervinientes que mencionaron específicamente la importancia de no «cortocircuitar el proceso democrático».[27] En consecuencia, establece claramente el lugar del juez en una democracia («un elemento fundamental del orden público europeo»[28]), afirmando que «la intervención judicial, *incluida la del Tribunal,* no puede reemplazar las medidas que deben adoptar los poderes legislativo y ejecutivo, ni sustituirlas».[29] Estas incisiones son importantes porque representan la opinión del Tribunal no solo sobre su propio cargo, sino también sobre los tribunales nacionales, como si también les invitara a permanecer en el lugar que les corresponde… Envían una señal contundente a todos aquellos que acusan burdamente a los jueces de usurpar la competencia de los otros dos poderes constituidos en el seno de los Estados. El Tribunal no elude las críticas y establece los términos del debate, consciente de que están en juego «cuestiones más amplias que afectan a la separación de

---

24 TEDH, Gran Sala, 9 de abril de 2024, *Verein KlimaSeniorinnen Schweiz y otros, op. cit.,* § 410.
25 *Ibid.,* § 411.
26 *Ibid.,* defensa del Gobierno suizo, § 338.
27 *Ibid.,* tercera intervención del Gobierno irlandés, § 369. La tercera intervención del Gobierno noruego va en el mismo sentido: «la determinación de las políticas climáticas y energéticas debe ser esencialmente un ejercicio político y democrático» (§ 372).
28 TEDH, Gran Sala, 9 de abril de 2024, *Verein KlimaSeniorinnen Schweiz y otros, op. cit.,* § 411.
29 *Ibid.,* § 412 (cursivas añadidas).

poderes» (§ 413). Sin embargo, este debate no debe ir tan lejos como para dejar de lado la función jurisdiccional: «la democracia no puede reducirse a la voluntad mayoritaria del electorado y de los representantes elegidos. La competencia de los órganos jurisdiccionales internos y del Tribunal de Justicia complementa, por tanto, estos procesos democráticos. La tarea del poder judicial consiste en garantizar el necesario control del cumplimiento de las exigencias legales» (§ 412). *Le ton est donné:* el Tribunal traza el camino correcto para su control: respeta la «legitimidad democrática directa» de las autoridades nacionales (especialmente en «cuestiones de política general o de opción política»[30]), al tiempo que se toma en serio su función, en la que el control final es la razón de ser de su existencia para garantizar el respeto de los derechos protegidos por el Convenio.[31]

Este enfoque no sorprenderá a los observadores agudos de los litigios sobre tratados. Desde 2010, la política jurisprudencial del Tribunal se ha caracterizado por una mayor deferencia hacia los Estados en general y hacia el poder legislativo en particular El *process based review*[32] es el sello distintivo de un sistema de revisión convencional que muestra deferencia a cerca del papel de los legisladores nacionales, que hacen la ley después de mucho debate y compromiso político. El *punto de inflexión* llegó con la sentencia *Animal Defenders International* en 2013.[33] A partir de esa fecha, el Tribunal hizo hincapié de forma más sistemática en el papel del

---

30   *Ibid.,* § 449.

31   *Ibid.,* § 459. En otras palabras, «la competencia del Tribunal para conocer de litigios relativos al cambio climático no puede, por principio, excluirse».

32   Antes de asumir la presidencia del Tribunal de Justicia de las Comunidades Europeas (2020-2022), el islandés Robert Spano ha expuesto constantemente su visión de la evolución de la jurisprudencia europea. En primer lugar, explicó que la jurisprudencia del Tribunal había entrado en una nueva era, la de la subsidiariedad, a partir de la década de 2010, y que había que devolver a los tribunales nacionales la primacía de la protección asignándoles un amplio margen de apreciación (R. Spano, «¿Universalidad o diversidad de los derechos humanos? Estrasburgo en la era de la subsidiariedad», *HRLR,* 2014, pp. 1-16). En segundo lugar, reforzando la naturaleza procesal del control al otorgar al debate democrático interno un papel significativo en el control de proporcionalidad (R. Spano, «The Future of the European Court of Human Rights – Subsidiari ty, Process based review and the Rule of Law», *HRLR,* 2018, pp. 1-22).

33   TEDH, Gran Sala, 22 de abril de 2013, *Animal Defenders International c. Reino Unido,* § 210.

legislador nacional,[34] señalando que es el principal actor de la deliberación democrática.[35] En resumen, importó el proceso desarrollado por los guardianes de las constituciones con respecto a los parlamentos.[36] En general, esto da lugar a una notable deferencia hacia el responsable nacional de la toma de decisiones.[37] Sin embargo, el control europeo recupera su razón de ser cuando los representantes del pueblo se desvían.[38] Al mismo tiempo, aplica la misma *moderación judicial* a los tribunales nacionales, siempre que hayan ponderado correctamente los intereses en juego y realizado un control de proporcionalidad[39] adecuado con el criterio convencional en mente.[40] Este nuevo enfoque deferente es la consecuencia directa

---

34   El examen de las opciones legislativas ya había tenido lugar diez años antes, en particular en materia de medio ambiente (TEDH, Grand Ch., *Hatton v. the United Kingdom*, § 128-129).

35   TEDH, Gran Sala, 1 de julio de 2014, *S. A. S v. France;* TEDH, Gran Sala, 6 de noviembre de 2017, *Garib v. The Netherlands;* TEDH, Gran Sala, 4 de abril de 2018, *Correia de Matos v. Portugal;* TEDH, 3 de marzo de 2021, *M. C. v. United Kingdom;* TEDH, Gran Sala, 9 de marzo de 2023, *L. B. c. Hungría;* TEDH, 7 de septiembre de 2023, *Gauvin-Fournis y Siliau c. Francia;* TEDH, 13 de febrero de 2024, *Executief Van de Moslims Van België y otros c. Bélgica;* TEDH, 25 de julio de 2024, *M. A. y otros c. Francia.*

36   La jurisprudencia del Consejo Constitucional es un buen ejemplo. Su clásico *dictum* de que «no corresponde al Consejo Constitucional sustituir la apreciación del legislador por la suya» es emblemático al respecto (el subrayado es nuestro).

37   La fórmula clásica utilizada por el Tribunal es: «Teniendo en cuenta que no corresponde al Tribunal sustituir la opinión de las autoridades nacionales por la suya propia» (el subrayado es nuestro).

38   TEDH, Gran Sala, 23 de junio de 2023, *Macaté v. Lituania*. Cuando el legislador lituano adopta una ley teñida de homofobia que está en total contradicción con el espíritu de apertura y tolerancia, valores defendidos por el Convenio Europeo, cae el 'cuchillo convencional'; TEDH, Gran Sala, 9 de marzo de 2023, *L. B. c. Hungría*. Cuando el legislador no ha tenido suficientemente en cuenta la importancia de proteger los datos de los contribuyentes en el contexto de la divulgación sistemática de sus datos fiscales, se constata la violación del artículo 8.

39   TEDH, Gran Sala, 10 de octubre de 2023, *Internationale Humanitäre Hilforganisation E. c. Alemania*. El Tribunal valida la interpretación del Tribunal de Karlsruhe de que la disolución por el Gobierno de una organización vinculada a Hamás es el único medio *in casu* de poner fin a una fuente indirecta de financiación del terrorismo islamista.

40   TEDH, Gran Sala, 7 de octubre de 2019, *López Ribalda et a. c. España*. El Tribunal valida la interpretación del Tribunal Constitucional español que declaró constitucional un sistema de videovigilancia colocado en una tienda con el fin de vigilar a los empleados sin su conocimiento. Esta validación se basa, en particular, en el hecho de que el Tribunal Constitucional español se inspiró en los criterios de la sentencia *Barbulescu* (TEDH, 5 de septiembre de 2017, *Barbulescu c. Rumanía*).

del aumento de la resistencia y, en ocasiones, de la rebelión de los Estados a partir de principios de la década de 2000.[41] Ante el resurgimiento de la *reacción,* el Tribunal Europeo ha reorientado estratégicamente el curso de su jurisprudencia.[42] Ello responde a la voluntad de los Estados miembros expresada en la Conferencia Intergubernamental de Brighton[43] y plasmada en la reforma del preámbulo del Convenio.[44] En tal contexto, habría sido muy sorprendente que esta oda a la democracia no hubiera sido uno de los principios climáticos que se tomó la molestia de enunciar antes de dedicarse a subrayar la singularidad del contencioso climático.

B. La singularidad climática

La Gran Sala expone, de forma muy instructiva, las complejas particularidades del cambio climático y las numerosas dificultades que se plantean a la hora de reflexionar sobre la acción del juez internacional en un contexto en el que las cuestiones de causalidad, prueba y obligaciones positivas de los Estados adquieren una especial relevancia.

Mientras que en el contexto de los daños medioambientales, el Tribunal señala que es posible identificar la fuente del daño a las personas que lo han sufrido, así como las medidas de atenuación necesarias,[45] la situación es muy diferente en el caso del cambio climático. El Tribunal enumera seis razones principales[46] para ello, entre ellas que la fuente del daño no es única ni específica (en la medida en que resulta de una cadena de efectos complejos, y además transfronterizos) y que las medidas paliativas no pueden

---

41   La rebelión más conocida de un antiguo Estado democrático se produjo tras la sentencia *Hirst* sobre la condena por la Gran Sala de la prohibición absoluta del derecho de voto de los presos (TEDH, Gran Sala, 6 de octubre de 2005, *Hirst contra Reino Unido*), R. Murray, «A Perfect Storm: Parliament and Prisoner Disenfranchisement», *Parliamentary affairs,* 66 (3) (2013), pp. 511-539.

42   O. Stiansen y E. Voeten, «Backlash and Judicial Restraint: Evidence from the European Court of Human Rights», *ISQ,* 64 (2020), pp. 770-784.

43   Conferencia de Brighton (18-20 de abril de 2012).

44   La inserción de un nuevo apartado en el que se mencionan los principios de subsidiariedad y discrecionalidad nacional es sintomática del giro deferente.

45   TEDH, Gran Sala, 9 de abril de 2024, *Verein KlimaSeniorinnen Schweiz y otros, op. cit.,* § 415.

46   *Ibid.,* § 416-421.

localizarse con precisión en la medida en que resultan de las actividades básicas de las sociedades humanas (industria, agricultura, vivienda, construcción). A la vista de estas «diferencias fundamentales», la Gran Sala considera que «no sería ni satisfactorio ni apropiado transponer directamente la jurisprudencia medioambiental existente al ámbito del cambio climático». A continuación propone un «enfoque más apropiado y adaptado»,[47] que implica tener en cuenta «las pruebas científicas actuales y en constante evolución que demuestran la urgencia de actuar frente a los efectos adversos y, en particular, el grave riesgo de que se conviertan en ineluctables e irreversibles, y, por otra parte, el reconocimiento científico, político y judicial de la existencia de un vínculo entre esos efectos adversos y el disfrute (de diversos aspectos) de los derechos humanos».[48] De este modo, «al considerar acreditada la existencia de indicios suficientemente fiables de que el cambio climático antropogénico existe y de que representa, tanto ahora como en el futuro, una grave amenaza para el disfrute de los derechos humanos garantizados por la Convención»,[49] la Gran Sala desarrolló una argumentación llena de matices, en la que quedó claro que su planteamiento oscilaría posteriormente entre el clasicismo y la innovación.

C. Relevancia interpretativa

El Tribunal afirma sin ambigüedades su competencia sobre cuestiones climáticas. Lo hace al considerar que tiene «sentido» adherirse a «la tesis expuesta por los Relatores Especiales de las Naciones Unidas de que la cuestión ya no es si los tribunales de derechos humanos deben examinar las consecuencias de los daños medioambientales en el disfrute de los derechos humanos, sino cómo deben hacerlo».[50] En este contexto, la interpretación del Convenio es una cuestión crucial. El Gobierno demandado y los Gobiernos intervinientes en el caso suizo participaron activamente en esta cuestión, que el Tribunal se tomó expresamente la molestia de mencionar. No quieren que la Convención se transforme en «un mecanismo internacional de revisión judicial en el ámbito del cambio climático, que

---

47 *Ibid.*, § 422.
48 *Ibid.*, § 434.
49 *Ibid.*, § 436.
50 *Ibid.*, § 379; § 451.

cambiaría los derechos consagrados en la Convención por derechos desti-
nados a combatir este fenómeno».[51] ¿Cómo respondió el Tribunal a este
requerimiento del Estado? Haciendo lo que viene haciendo desde su creación, pero en mayor medida en los últimos diez años: haciendo equilibrios.
Por un lado, el texto que debe interpretarse y aplicarse es el Convenio, y
nada más que el Convenio; no tiene competencia para *revisar* otros instrumentos internacionales,[52] mientras que las interpretaciones que puedan
dar «no son vinculantes» para el TEDH. Esto es evidente, pero al afirmar-
lo *expressis verbis* entendemos que hará uso de esta incisión más adelante.
Por otra parte, no puede «dejar de mantener un enfoque dinámico y evolutivo» del Convenio, ya que «correría el riesgo de obstaculizar cualquier
reforma o mejora». En consecuencia, acepta que no puede ignorar «el consenso que emana de los mecanismos de derecho internacional a los que los
Estados miembros se han adherido voluntariamente y las obligaciones y los
compromisos que han asumido por ello, *en particular en el marco del Acuerdo de París*».[53] Es fácil ver que el camino que emprende es estrecho. Asume
su condición de Tribunal *Europeo,* al tiempo que se muestra dispuesta a
adoptar soluciones distintas de las de los demás órganos de protección de
los derechos humanos; en este sentido, no teme crear un régimen jurídico
europeo del clima, velando al mismo tiempo por que esté en consonancia
con las obligaciones climáticas derivadas del Derecho internacional.
Equilibrio, una y otra vez. Este símbolo de *Themis* se encontrará a lo largo de todo el análisis, porque el juez europeo es a veces razonable, a veces
audaz.

II.   El *juez razonable* o el equilibrio procesal

El Tribunal no pretende alterar la lógica de las condiciones tradicionales de admisibilidad de las demandas individuales (arts. 34 y 35 del
Convenio). *Nihil novi* sobre este punto (A). Sin embargo, tampoco cierra
la puerta a todos los litigios, ya que es plenamente consciente de lo que está
en juego para las generaciones presentes y futuras, y se toma muy en serio

---

51   *Ibid., § 453.
52   *Ibid., § 454.
53   *Ibid., § 456 (cursivas añadidas).

el enfoque intergeneracional.[54] Si bien establece un umbral muy elevado para los demandantes individuales, abre más ampliamente la puerta de su sala a los demandantes institucionales: *omni nova* sobre la representación de las asociaciones (B).

A. *Nihil novi* sobre las condiciones de admisibilidad

Desde la cuestión de los límites de la jurisdicción, pasando por la obligación de agotar los recursos internos, hasta el alcance del concepto de *víctima*, la Gran Sala paró en seco a los demandantes. No altera en absoluto las cuestiones de admisibilidad. Aquí, los principios de subsidiariedad y de responsabilidad compartida funcionan a fondo.[55]

En el asunto portugués, el Tribunal tuvo que examinar la demanda presentada contra Portugal y otros 32 Estados partes en el Convenio.[56] La parte esencial de su examen se refiere a los contornos del concepto de *jurisdicción* en el sentido del artículo 1 del Convenio. Reitera debidamente los principios clásicos que informan su jurisprudencia; el carácter territorial de su competencia es la regla, mientras que las excepciones establecidas a lo largo del tiempo son excepciones, que se interpretan estrictamente.[57] Al tiempo que reconoce los elementos singulares específicos del

---

54   TEDH, Gran Sala, 9 de abril de 2024, *Verein KlimaSeniorinnen Schweiz y otros, op. cit.*, § 419-420, § 489, § 549.

55   *Ibid.*, § 411.

56   Austria, Bélgica, Bulgaria, Suiza, Chipre, República Checa, Alemania, Dinamarca, España, Estonia, Finlandia, Francia, Reino Unido, Grecia, Croacia, Hungría, Irlanda, Italia, Lituania, Luxemburgo, Letonia, Malta, Noruega, Países Bajos, Polonia, Rumanía, Rusia, Eslovaquia, Eslovenia, Suecia, Turquía y Ucrania.

57   TEDH, Gran Sala, dec., 9 de abril de 2024, *Duarte Agostinho y otros v. Portugal y 32 otros*, § 168-176. El Tribunal ha reconocido la aplicación extraterritorial del Convenio en cuatro circunstancias: 1) cuando el Estado parte ejerce un «control efectivo» sobre el territorio de un tercer Estado, que debe ser «absoluto y exclusivo» (modelo espacial de jurisdicción o *ratione loci*); 2) cuando el Estado parte ejerce, a través de un agente estatal, «autoridad y control» sobre individuos tomados aisladamente (modelo personal de jurisdicción o *ratione personae*); 3) cuando puede establecerse un «vínculo jurisdiccional» entre el Estado parte y los individuos en el contexto de las obligaciones procesales de investigar previstas en el artículo 2 del Convenio; 4) finalmente, cuando se establece la existencia de «circunstancias específicas» relevantes. Para un resumen, TEDH, Gran Sala, dec., 30 de noviembre de 2022, *Ucrania y Países Bajos c. Rusia*, § 547-559, 559-560 y 565-575.

cambio climático —el hecho de que los Estados ejercen el control último sobre las actividades públicas y privadas que emiten gases de efecto invernadero (GEI);[58] el hecho de que existe un vínculo causal, aunque complejo y multifactorial, entre las actividades emisoras de GEI realizadas en el territorio de un Estado y sus efectos nocivos sobre los derechos y el bienestar de las poblaciones que residen fuera de las fronteras de ese Estado;[59] el hecho de que el cambio climático sea un «verdadero problema existencial para la humanidad»[60]— el Tribunal considera que «estas consideraciones no pueden por sí solas servir de base para la creación mediante interpretación judicial de un *nuevo motivo* para establecer la competencia extraterritorial ni como justificación para ampliar los motivos existentes».[61] Por lo tanto, aunque el Tribunal reconoce su competencia sobre Portugal, no ocurre lo mismo con los demás Estados demandados.[62] El «motivo novedoso» para establecer la competencia extraterritorial del Tribunal, alegado por los demandantes, se refiere al «control de los *intereses* de los demandantes protegidos por el Convenio». El Tribunal lo rechazó, aduciendo tres justificaciones: el «nivel insoportable de incertidumbre»[63] que ello generaría para los Estados; el hecho de que tal planteamiento tendría el «efecto de establecer el Convenio como un tratado global sobre el cambio climático»[64] y, por último, la naturaleza especial del Convenio Europeo —«un instrumento para la protección de los derechos humanos que no fue concebido para ofrecer una protección general del medio ambiente»[65]— en comparación con los demás textos internacionales utilizados por los

---

58 TEDH, Gran Sala, dec., 9 de abril de 2024, *Duarte Agostinho y otros c. Portugal y otros 32*, § 192.
59 *Ibid.*, § 193.
60 *Ibid.*, § 194.
61 *Ibid.*, § 195. Cursiva añadida.
62 *Ibid.*, § 213-214.
63 *Ibid.*, § 208. El Tribunal continúa explicando: «Cualquier acción realizada en el curso de algunas de las actividades humanas elementales mencionadas anteriormente, o cualquier omisión en la gestión de los posibles efectos adversos de dichas actividades sobre el cambio climático, podría dar lugar al establecimiento de la jurisdicción extraterritorial de un Estado sobre los intereses de personas que se encuentran fuera de su territorio y que no tienen ninguna conexión especial con él».
64 *Ibid.*, § 209.
65 *Ibid.*, § 212.

demandantes en sus argumentos.[66] Huelga decir que el Tribunal alineó su posición con la de los Gobiernos demandados. Además de sus posiciones comunes,[67] nueve de ellos[68] desearon presentar observaciones específicas.[69] De la lectura de algunas de ellas se desprende que el Tribunal fue especialmente sensible a ellas. Francia hizo hincapié en la necesidad de «seguridad jurídica»;[70] Hungría llamó la atención sobre los límites derivados de los artículos 19 y 32 del Convenio, afirmando que «el Tribunal no es competente para controlar la aplicación de los compromisos derivados de tratados internacionales distintos del Convenio»;[71] los Países Bajos se refirieron a la interpretación estricta de las excepciones a la competencia territorial, al tiempo que consideraban peligroso ampliar el «ámbito geográfico del Convenio»;[72] Suiza estimó que no era posible que el Tribunal se erigiera en «tribunal supremo del medio ambiente».[73] La permeabilidad de los argumentos ha funcionado: el Tribunal ha hecho suyas las opiniones de los Estados sobre el alcance del concepto de *jurisdicción*. De este modo, se rechazan pura y simplemente las propuestas y los argumentos presentados por las catorce intervenciones de terceros que instaban al Tribunal a alinearse con la jurisprudencia de otros órganos de protección asumiendo una competencia extraterritorial en materia climática. Esto no es sorprendente si recordamos su advertencia previa, es decir, en el contexto de sus principios climáticos. Había declarado expresamente que no se consideraba vinculado por «la interpretación de instrumentos similares dada por otros organismos».[74] Acepta

---

66   Siguiendo el ejemplo del preámbulo de la CMNUCC y del proyecto de artículos sobre la prevención del daño transfronterizo resultante de actividades peligrosas, UN Doc. A/RES/56/10, 10/08/2001.

67   TEDH, decisión Grand Ch., 9 de abril de 2024, *Duarte Agostinho y otros c. Portugal y otros 32*, § 72.

68   Bulgaria, Croacia, Francia, Hungría, Letonia, Países Bajos, Portugal, Suiza y Turquía.

69   TEDH, decisión Grand Ch., 9 de abril de 2024, *Duarte Agostinho y otros c. Portugal y otros 32*, § 91-119.

70   *Ibid.*, § 94.

71   *Ibid.*, § 97.

72   *Ibid.*, § 106.

73   *Ibid.*, § 117.

74   *Ibid.*, § 454. En particular, señala que tanto las *disposiciones* de instrumentos similares como la *función de* los órganos encargados de aplicarlos pueden diferir de las disposiciones del Convenio y de la función del Tribunal.

plenamente la discrepancia jurisprudencial, en particular con la Corte Interamericana[75] y el Comité de los Derechos del Niño.[76] Desde el punto de vista
de la coherencia del Derecho internacional de los derechos humanos *per se,*
esto es perjudicial. Hubo un tiempo en que la concordancia estaba a menudo a la orden del día cuando se trataba de abordar las pruebas de disposiciones forzosas, el alcance de los mecanismos de justicia transicional, la discri-
minación por motivos de orientación sexual o, *por último pero no menos
importante,* la preservación de la independencia judicial. Sin embargo, desde
el punto de vista de la viabilidad técnica de la revisión del Tribunal y de la
salvaguarda de su autoridad, esta cautela es comprensible. En el actual clima
de *backlash* mejor ser prudente. No es la primera vez que el Tribunal se apar-
ta radicalmente del consenso internacional sobre una cuestión determinada:
la reciente sentencia *Humpert* es un buen ejemplo.[77] En cualquier caso, en la
cuestión de la competencia en materia climática, está forjando un régimen
jurídico europeo específico y lo está asumiendo.

Lo mismo ocurrió con la obligación de agotar los recursos internos,[78]
establecida en el artículo 35 § 1 del Convenio, que se sabe que es consus-
tancial al derecho procesal internacional,[79] hasta el punto de que se ha

---

75   Corte IADH, 15 Nov. 2017, *Medio Ambiente y Derechos Humanos,* OC 23/17. Esta
opinión considera que el sistema interamericano permite peticiones transfronterizas para
ciertos tipos de conductas, como la contaminación transfronteriza y el daño ecológico.
La Corte IADH tampoco limita las peticiones a los daños causados por agentes de un Estado, sino que considera que la jurisdicción se extiende a las actividades sobre las que un Estado ejerce un «control efectivo». A este respecto, el § 104 h es sintomático: «La competencia
se ejerce cuando *el Estado de origen* ejerce *un control efectivo* sobre las actividades realizadas
que han causado el perjuicio y la consiguiente violación de los derechos humanos». Para un
breve comentario, véase el comentario sucinto publicado en la revista *Environnement, Ener-
gie et infrastructure,* L. Burgorgue-Larsen, 6 (junio de 2018), pp. 53-55.
76   Comité de los Derechos del Niño, 22 de septiembre de 2021, *Sacchi et a. c. Argentina.* Véase punto 10.5 donde el Comité hace referencia al dictamen de la Corte IADH.
77   TEDH, Gran Sala, 14 de diciembre de 2023, *Humpert v. Alemania.* Para un
análisis muy crítico de esta sentencia, véase L. Burgorgue-Larsen, «Actualité de la
Convention européenne des droits de l'homme», *AJDA,* 5 (febrero de 2024), pp. 207 y ss.
78   En *Duarte Agostinho y otros,* los demandantes consideraron que no procedía acti-
varlos, ni en Portugal ni en los otros 32 Estados afectados. Como el Tribunal había declarado inadmisibles las denuncias contra los 32 Estados (al no haberse establecido su competencia), razonó únicamente en relación con Portugal (§ 216).
79   Tal y como se establece en el propio artículo 35 § 1, que hace referencia a los
«principios de derecho internacional generalmente reconocidos». En el caso *Sacchi et al.,*

convertido en un principio de derecho consuetudinario.[80] ¿Acaso los demandantes en el asunto *Duarte Agostinho* no se tomaron la molestia de presentar su demanda ante los tribunales nacionales (administrativos y constitucionales)? El Tribunal de Justicia rechaza firmemente tal estrategia. En primer lugar, porque el Derecho portugués está bien desarrollado en materia medioambiental y climática[81] y los recursos disponibles en este ámbito son variados.[82] Por lo tanto, fue muy desafortunado que los demandantes decidieran, sin duda sobre la base de una apuesta jurídica demasiado casual, no activar los recursos internos.[83] En segundo lugar, porque eludir los tribunales nacionales equivale a dar marcha atrás en la filosofía de subsidiariedad del mecanismo de la Convención, que es su seña de identidad. Al tratar de establecer el Tribunal Europeo como tribunal de primera instancia, los demandantes están trasladando la carga (de establecer los hechos básicos en un gran número de casos) al nivel internacional, lo que no es técnicamente deseable en términos de eficacia.[84] Una vez más, el Tribunal se alinea con las posiciones comunes de los Gobiernos

---

aunque el Comité se mostró intrépido sobre la cuestión de la jurisdicción extraterritorial (véase la nota 76 *supra*), adoptó una vez más un enfoque muy convencional sobre la obligación de agotar los recursos internos y declaró inadmisible la petición de los niños en virtud del artículo 7 e. del PIDCP, véase el punto 10.18. de los fundamentos y el punto 11.a. de la parte dispositiva.

80   CIJ, 22 de julio de 1952, *Anglo Iranian Oil Company* [1952] *Rec.* 53.

81   Además de consagrar un derecho a un medio de vida sano y ecológicamente equilibrado (art. 66 de la Constitución), la legislación portuguesa ofrece a los particulares la posibilidad de iniciar una *actio popularis*, que permite a cualquier demandante, «sin demostrar la existencia de un interés directo, exigir que las autoridades públicas adopten una determinada línea de acción, en particular en lo que respecta a la protección del medio ambiente y la calidad de vida» (§ 40; § 219). En la misma línea, la ley climática portuguesa no solo garantiza un derecho al equilibrio climático (es decir, el derecho a ser protegido contra los efectos del cambio climático), sino que también ofrece la posibilidad de iniciar una *actio popularis* (§ 44; § 220).

82   TEDH, Gde Ch. dec., 9 de abril de 2024, *Duarte Agostinho y otros, op. cit.,* § 221-225.

83   Sin embargo, deberían haber prestado atención a la decisión del Comité en el caso *Sacchi et al.* citado anteriormente. En efecto, aunque el Comité se mostró audaz en la cuestión de la jurisdicción extraterritorial (véase la nota 76 *supra*), volvió a su posición tradicional sobre la obligación de agotar los recursos internos y declaró inadmisible la petición de los niños en virtud del artículo 7 e. del PIDCP, véanse el punto 10.18. de los fundamentos y el 11.a. de la parte dispositiva.

84   TEDH, Gde Ch. dec., 9 de abril de 2024, *Duarte Agostinho y otros, op. cit.,* § 228.

demandados, que han insistido constantemente en la importancia de «probar los recursos internos disponibles».[85] Así, cuando se recuerda la doctrina de la responsabilidad compartida, que implica la potenciación y activación de los recursos judiciales nacionales; cuando se subraya que el control europeo examina constantemente la forma en que los tribunales nacionales han tomado en consideración su estándar (para hacer de los jueces nacionales 'buenos' jueces convencionales de derecho común); difícilmente habría sido admisible en el contexto europeo 'dinamitar' el filtro judicial nacional.[86]

La noción de *víctima* fue el tercer y último elemento en el que fracasaron los cuatro solicitantes de edad avanzada, por una parte *(asunto Verein KlimaSeniorinnen Schweiz)*, y el alcalde de Grande-Synthe, por otra *(asunto Carême)*. Al insistir en que «el Convenio no reconoce la *actio popularis*»[87] —que permitiría a un demandante defender un interés público o general sin verse afectado directa y personalmente— el Tribunal limita considerablemente el acceso de los particulares a sus tribunales. El sentido pedagógico de la Gran Sala es evidente cuando explica muy claramente su dilema:

> si, en el conjunto de la población sometida a la jurisdicción de las Partes Contratantes, el círculo de las 'víctimas' *real y potencialmente* afectadas se define de manera amplia y generosa, se corre el riesgo de socavar los principios constitucionales internos y la separación de poderes al abrir un amplio acceso al sistema judicial como medio de provocar cambios en las políticas climáticas generales. Si, por el contrario, el círculo definido es demasiado pequeño y restringido, se corre el riesgo de que incluso deficiencias o disfunciones evidentes en la acción gubernamental o en los procesos democráticos lleven a que se vulneren los derechos de los individuos en virtud de los

---

85 *Ibid.,* § 87.

86 Cabe señalar, sin embargo, que en un importante caso ambiental, el Tribunal rechazó la objeción preliminar del Gobierno sobre la base de que los recursos internos no se habían agotado, sobre la base de que «los demandantes no se quejan de un acto instantáneo, sino de una situación de contaminación ambiental que ha durado años» (TEDH, 24 de enero de 2019, *Cordella et al. c. Italia*, § 131). Esto deja aún más claro que los litigios climáticos son un caso especial… en el que el Tribunal es prudente.

87 TEDH, Gran Sala, 9 de abril de 2024, *Verein KlimaSeniorinnen Schweiz y otros, op. cit.,* § 460. Huelga decir que el Tribunal dice esto en el contexto del derecho de petición individual en virtud del artículo 34. No se aplica lo mismo a las solicitudes interestatales en virtud del artículo 33. No ocurre lo mismo con las solicitudes interestatales en virtud del artículo 33.

tratados sin que estos tengan posibilidad alguna de someter el asunto al Tribunal [...]. La necesidad, por una parte, de asegurar la protección efectiva de los derechos garantizados por el Convenio y, por otra, de asegurar que los criterios para la condición de víctima no se deslicen *de facto* hacia la aceptación de la *actio popularis* es particularmente apremiante en el contexto actual.[88]

Una vez más, la filosofía del Tribunal brilla con luz propia: consiste en encontrar un término medio entre la prudencia y la audacia. En este contexto, aunque restringe el acceso a su sala a los demandantes climáticos, no lo cierra: establece un «umbral especialmente elevado» al exigirles que demuestren que se ven afectados personal y directamente por las infracciones que denuncian. Esto implica dos criterios que deben tomarse en serio: la exposición «intensa» a los efectos nocivos del cambio climático y la existencia de una «necesidad social imperiosa» de garantizar la protección individual del demandante.[89] Aquí, la cuestión probatoria aparece en toda su agudeza; el criterio de la prueba más allá de toda duda razonable es su guía (las meras dudas no bastan), mientras que los «estudios e informes elaborados por organismos internacionales competentes» —como los del GIEC, que se toma muy en serio—[90] son una ayuda preciosa. En resumen, la ciencia al servicio del derecho. Aplicando estos elementos a las alegaciones del alcalde de Grande-Synthe,[91] por una parte, y de los cuatro

---

88　*Ibid.,* § 484.

89　*Ibid.,* § 487-488.

90　*Ibid.,* § 429 *in fine*. El valor de los trabajos del GIEC es particularmente excepcional: «se basan en una metodología exhaustiva y rigurosa, en particular en lo que se refiere a la selección de la bibliografía, el proceso de examen y aprobación de estos informes y los mecanismos de investigación y, en su caso, de corrección de los posibles errores de los informes publicados. Proporcionan información científica sobre el cambio climático regional y mundial, sus repercusiones y riesgos futuros, así como sobre las opciones de adaptación y mitigación».

91　TEDH, Gran Sala, 9 de abril de 2024, *Carême, op. cit.,* § 76: el Tribunal hace referencia a los criterios enunciados en la sentencia suiza de referencia y luego se basa en las constataciones efectuadas a nivel interno por el Conseil d'État (§ 77-80). Además, el Tribunal subraya que el demandante ya no vive en Grande-Synthe (§ 81). Al no poder demostrar un «vínculo pertinente» con el municipio, las reclamaciones formuladas en virtud de los artículos 2 y 8 eran inadmisibles (§ 83). El Tribunal podría haberse detenido en este punto, pero prefirió tratar todos los aspectos del litigio. Refiriéndose a la afección asmática del demandante, consideró que se trataba de una reclamación nueva e independiente de su demanda inicial y la desestimó.

ancianos suizos demandantes,[92] por otra, el Tribunal les cerró el acceso a la sala de Estrasburgo.[93] La Gran Sala jugó hábilmente la carta de la evasión *(évitement / avoidance)*,[94] lo que le permitió a la vez controlar su papel y tranquilizar a los Estados. Por otra parte, la asociación suiza cuyo objetivo es defender el clima está abriendo nuevos caminos.

B. *Omnia nova* sobre la representación de las asociaciones

Si el caso suizo prosperó y dio lugar a una sentencia de principio, fue gracias a la demanda presentada por *Verein KlimaSeniorinnen Schweiz,* una asociación sin ánimo de lucro cuyos estatutos declaran que fue creada para promover y aplicar una protección eficaz del clima en nombre de sus miembros.[95] El Tribunal de Justicia consideró que la asociación estaba legitimada para interponer un recurso sobre la base de una demostración que tenía en cuenta tanto la evolución de la defensa judicial de los intereses colectivos en derecho interno[96] como la evolución del Derecho internacional, gracias a la existencia de tratados que otorgan a las asociaciones un lugar especial en la defensa de los daños medioambientales, como el Convenio de Arhus.[97] Por supuesto, esto es especialmente importante en el contexto del cambio climático, en el que «el reparto de la carga entre

---

92   TEDH, Gran Sala, 9 de abril de 2024, *Verein KlimaSeniorinnen Schweiz et a., op. cit.,* § 527-535. Aunque los demandantes «pertenecen a una categoría especialmente sensible a los efectos del cambio climático» (§ 531), el Tribunal considera que sería necesario demostrar para cada uno de ellos la existencia de «un nivel y una gravedad particulares de consecuencias adversas» (§ 531). Las exigencias probatorias emergen aquí con fuerza y el Tribunal considera que no se cumplen, lo que no es de extrañar, ya que ha fijado deliberadamente un umbral de coacción muy elevado.

93   Habiendo decidido, inusualmente, vincular el análisis de la admisibilidad a la aplicabilidad de las disposiciones del Convenio, sus solicitudes fueron rechazadas en virtud de los artículos 2 y 8 por incompatibilidad *ratione personae* (art. 35 § 3 del Convenio).

94   M. Jackson, «Judicial avoidance at the ECHR: Institutional authority, the procedural turn and docket control», *I.CON,* 20 (2022), pp. 102-111; 20 (2022), pp. 112-140.

95   TEDH, Gran Sala, 9 de abril de 2024, *Verein KlimaSeniorinnen Schweiz y otros, op. cit.,* § 10, § 521.

96   Tiene en cuenta el papel desempeñado en las «sociedades modernas» por «entidades colectivas como las asociaciones» en la defensa efectiva de los intereses particulares de sus miembros, *ibid.,* § 489.

97   *Ibid.,* § 410-422; 501.

generaciones reviste especial importancia»,[98] al igual que «la posibilidad de que las personas que se encuentran en desventaja significativa en términos de representación hagan oír su voz e intenten influir en los procesos de toma de decisiones pertinentes».[99] El Tribunal se basa aquí en la realidad, reconociendo que los litigios climáticos plantean cuestiones técnicas infinitamente complejas, requieren importantes recursos financieros y logísticos y exigen una buena coordinación. Las asociaciones son entidades jurídicas ideales para liderar la «lucha» climática. Dicho esto, la brújula del Tribunal sigue guiándose por la prohibición de la *actio populari*s;[100] limita su innovación[101] enumerando una serie de criterios muy precisos para que la legitimación de las asociaciones para actuar en el ámbito climático sea admisible.[102] Aquí encontramos la misma cautela que se mostró en los casos *Constantin Câmpeanu,*[103] *N. TS et a.,*[104] *Association Innocence en danger,*[105] a la hora de aceptar, con carácter excepcional, la representación legal de víctimas muy vulnerables, generalmente niños. En otras palabras, antes de conceder la legitimación, es evidente que el examen convencional será intrusivo. Las consecuencias son significativas desde el punto de vista del artículo 6, ya que el Tribunal reconoce su aplicabilidad a la demanda presentada por la Asociación, pero no por los

---

98   *Ibid.,* § 420, 489.

99   *Ibid.,* § 489.

100   *Ibid.,* § 500-501.

101   Se trata de una novedad, ya que la jurisprudencia reiterada del Tribunal sobre el estatuto de «víctima» de las asociaciones o sindicatos es muy restrictiva, en el sentido de que deben verse directamente afectados por la medida controvertida impugnada (*ad. ex.,* TEDH, 18 de enero de 2018, *FNASS et a. c. Francia*). Sin embargo, el Tribunal es más liberal con respecto a las instituciones religiosas consideradas «representativas» de las comunidades, TEDH, 13 de febrero de 2024, *Executief Van de Moslims Van België et a. c. Bélgica,* § 52-53.

102   TEDH, Gran Sala, 9 de abril de 2024, *Verein KlimaSeniorinnen Schweiz et a., op. cit.,* § 502. Existe una lista muy precisa de condiciones que deben cumplir las asociaciones (condición jurídica de creación; condición relativa a los fines perseguidos, condición de representatividad) a las que se añaden el «carácter no lucrativo de sus actividades, la naturaleza y el alcance de las mismas, los principios y la transparencia de su gobierno».

103   TEDH, Gde Ch., 17 de julio de 2014, *Caso Centro de Recursos Jurídicos en nombre de Constantin Câmpeanu c. Rumanía.*

104   TEDH, 2 de febrero de 2016, *N. TS y otros contra Georgia.*

105   TEDH, 4 de junio de 2020, *Association Innocence en danger y Association Enfance et partage v. Francia.*

demandantes individuales. En definitiva, el Tribunal reconoce la violación del derecho de acceso a los tribunales respecto a la Asociación, cuyos
recursos han fracasado, y se muestra muy severo con la actitud de los tribunales suizos. Aunque este es un punto importante, la verdadera audacia
del Tribunal reside en su interpretación del artículo 8.

III. El *juez audaz:* la creatividad jurisprudencial

Si bien el Tribunal supo mantener el sentido de la proporción desde
un punto de vista procesal, al no querer abrir excesivamente su sala de
audiencias a los demandantes individuales —siguiendo el ejemplo, por
otra parte, de su homólogo europeo, que no quiso apartarse de las condiciones tradicionales relativas a los requisitos previstos para los recursos de
anulación[106]—, su cuota de audacia creativa fue evidente desde un punto
de vista sustantivo. El apartado 519[107] constituye la revolución de la sentencia suiza, en la que amplía el contenido del artículo 8 (A), con importantes consecuencias para las obligaciones climáticas positivas (B).

A.   Ampliación del contenido del artículo 8

El párrafo, ya icónico, reza así: «Debe considerarse que el artículo 8
engloba el derecho de las personas a *una protección eficaz* por parte de las
autoridades estatales contra los efectos adversos del cambio climático en *su
vida, su salud, su bienestar y su calidad de vida*» (las cursivas son nuestras).
Aquí el Tribunal se convierte en un juez creativo, construyendo pura y
simplemente la capacidad de la Convención Europea para comprender las
cuestiones climáticas y adaptarse a los cambios en las «condiciones de vida
actuales», por utilizar la fórmula icónica de la sentencia *Tyrer.*[108] Lo hace
para gran disgusto del juez británico Tim Eicke, para quien el Tribunal

---

106 TJUE, 25 de marzo de 2021, *A. Carvalho y otros contra Parlamento Europeo y
Consejo,* ECLI :EU :C :2021 :252; TJUE, 14 de enero de 2021, *Peter Sabo y otros contra
Parlamento Europeo y Consejo,* ECLI :EU :C :2021 :24.
107 Confirmado en § 544.
108 TEDH, 25 de abril de 1978, *Tyrer contra el Reino Unido,* § 31: «El Convenio es
un instrumento vivo que debe interpretarse a la luz de las condiciones de vida actuales y
de las concepciones que prevalecen hoy en los Estados democráticos».

«parte de una premisa que no tiene base ni en el texto del Convenio ni en la jurisprudencia del Tribunal».[109] *Eicke* se une a la lista de jueces «clásicos» o «conservadores» (según se mire) que nunca han aceptado la interpretación evolutiva del Convenio. Ya en 1975, en la sentencia *Golder,* los jueces Fitzmaurice, Verdross y Zekia se pronunciaron en contra de la idea de que el «derecho de acceso constituye un elemento *inherente* al derecho enunciado en el artículo 6 § 1»;[110] en 2012, Anatoly Kovler no aceptó el enfoque de la mayoría sobre el derecho a la educación en la sentencia *Catan;*[111] en 2016, Robert Spano y Kjøbro protestaron en la sentencia *Magyar* contra la nueva interpretación del derecho consagrado en el artículo 10, incluido, en determinadas circunstancias, un derecho a buscar información en interés público.[112] Tim Eicke añade su nombre a esta lista de jueces enamorados del originalismo, es decir, del derecho congelado y petrificado en lugar del derecho en movimiento. Da importancia a los *travaux préparatoires* (que no mencionan en absoluto la cuestión medioambiental, y mucho menos el clima), a la voluntad de los Estados soberanos (que no siguieron el proyecto de protocolo elaborado por la Asamblea Parlamentaria que añadía un derecho a un medio ambiente sano a la lista de derechos garantizados) y establece una clara distinción entre interpretación y creación. El juez británico ya había utilizado su pluma en 2022[113] —adhiriéndose a la tesis del artículo «conservador» de Benoît Mayer[114]— para dejar claro a la audiencia que era escéptico sobre el uso del Derecho internacional de los derechos humanos para regular cuestiones climáticas. Por tanto, su opinión separada no es ninguna sorpresa. Aunque es el escenario de las oposiciones que tienen lugar en la escena doctrinal, no afecta *en última instancia* a la opinión de los otros 16 jueces de la Gran Sala, que coinciden en que el Tribunal debe asumir su parte de responsabilidad en la cuestión climática emitiendo una nueva faceta del artículo 8. Se trata de la disposición del Tratado que, con

---

109   § 63 de su voto particular en la sentencia *Verein.*
110   TEDH, 21 de febrero de 1975, *Golder c. el Reino Unido,* § 36, énfasis añadido.
111   TEDH, Gran Sala, 19 de octubre de 2012, *Catan y otros c. República de Moldavia y Rusia.*
112   TEDH, Gde Ch., 8 de noviembre de 2016, *Magyar Helsinki Bizottság c. Hungría.*
113   T. Eicke, «Climate change and the Convention: Beyond Admissibility», *ECHRLR,* 3 (2022), pp. 8-16.
114   *Ibid.,* p. 15. Véase también la nota 8.

el paso del tiempo, ha sido producto de un transformismo excepcional.[115] Desde la intimidad, pasando por la sociabilidad, hasta las condiciones de la vida en la tierra —la adaptabilidad, rayana en la creación— ha sido una constante de la política jurisprudencial del Tribunal hacia esta cláusula.

Llegados a este punto, es interesante señalar que la Gran Sala no repitió la fórmula culta de la sentencia *Golder* sobre la inherencia. Más bien se inspira directamente en una intervención de terceros agrupada por varias ONG, entre ellas Oxfam,[116] que utilizaba el mismo verbo (englobar). En cualquier caso, se trata de la misma filosofía, es decir, la que permite añadir nuevas ramificaciones al contenido de un derecho.[117] Este verbo tiene la ventaja, al igual que la palabra «inherente» utilizada en la sentencia *Golder,* de evitar la crítica de que se ha creado *ex nihilo* un nuevo derecho. Todo se deriva del artículo 8, y solo del artículo 8. Para llegar a esta conclusión, sin embargo, utiliza de manera singular la técnica del *décloisonnement,*[118] *i. e.* de la descompartimentalización.[119] Para apreciar la amplitud de su recurso a fuentes externas —rasgo clásico de su enfoque evolutivo— el lector debe remontarse a los principios interpretativos enunciados en su marco analítico,[120] cuando se reviste de profesor. Un sofisticado juego de referencias cruzadas, pero necesario para comprender que 1) la existencia de un consenso sobre los vínculos entre el cambio climático y la violación de los derechos humanos no puede discutirse (§ 436), 2) como lo confirman numerosos instrumentos a escala internacional 3) y

---

115   Por nuestra parte, hemos utilizado la imagen de los 'círculos concéntricos' para presentar la evolución de la jurisprudencia relativa al artículo 8, *La Convention européenne des droits de l'homme. Commentaire article par article,* 4.ª ed., París, Lextenso, 2024, pp. 129-141.

116   TEDH, Gran Sala, 9 de abril de 2024, *Verein KlimaSeniorinnen Schweiz y otros, op. cit.,* § 400.

117   Una técnica también probada en el seno del sistema interamericano, véase nuestra contribución en honor de F. Sudre, «De la théorie de l'inhérence au sein des Amériques», en *Mélanges en l'honneur de F. Sudre,* París, Lexisnexis, 2018, pp. 89-98.

118   Me permito remitir a uno de mis artículos, «L'ère du décloisonnement», en L. Burgorgue-Larsen (dir.), *Les défis de l'interprétation et de l'application des droits de l'homme. De l'ouverture au dialogue,* París, Pedone, 2017, pp. 21-28.

119   Aquí también me permito mencionar este artículo con enfoque comparativo, «Decompartmentalization: The Key Technique for Interpreting Regional Human Rights Treaties», *International Journal of Constitutional Law, I.CON,* 16 (1) (2018), pp. 187-213.

120   *Ibid.,* § 455-456.

que estos elementos inclinan la balanza hacia la necesidad de una interpretación audaz del artículo 8.

Es importante subrayar en este punto que la Gran Sala podría haber razonado sobre la base del artículo 2 (también invocado por los demandantes). En su momento, los juristas hicieron hincapié en esta posibilidad,[121] inspirándose sin duda en la práctica nacional. En efecto, ¿no procedió así el Tribunal Supremo neerlandés en el asunto *Urgenda*?[122] En esta fase, merece la pena considerar la elección de una única base jurídica. El análisis muestra que el Tribunal difumina de hecho las líneas divisorias entre los artículos 2 y 8. El caso *Cordella* lo demuestra.[123] Aunque los demandantes alegaban una infracción de los artículos 2 y 8 —casi doscientos residentes de Taranto y los municipios circundantes se quejaban de que las autoridades públicas no habían limpiado una zona dañada—, el Tribunal decidió examinar los hechos del caso únicamente desde la perspectiva del artículo 8.[124] Si hay economía procesal, es consecuencia de una elección estratégica respecto a una disposición en la que las cuestiones de efecto individual y directo y de prueba son más fáciles de plantear. Por lo tanto, en este caso italiano, el Tribunal ya está «absorbiendo» los elementos inherentes al artículo 2 (protección de la vida, calidad de vida, salud y bienestar) en el artículo 8. Esto es exactamente lo que ocurre en el caso suizo, tal y como afirma *expresamente* el Tribunal *verbis:* «El Tribunal considera apropiado examinar la reclamación de la asociación demandante únicamente desde el ángulo del artículo 8». Así las cosas, en el análisis jurisprudencial que presentará a continuación, «*tendrá también en cuenta los principios que se han desarrollado en relación con el artículo 2, que son muy similares, en líneas generales, a los enunciados en relación con el artículo 8* y que, considerados conjuntamente con este último, constituyen una base útil para definir el enfoque global que debe aplicarse en materia de cambio climático en relación con las dos disposiciones».[125] Esta

---

121   H. Keller y C. Héri, «The Future is Now: Climate Cases Before the ECtHR», *Nordic Journal of Human Rights*, 40 (1) (2022), pp. 153-174.
122   SC de los Países Bajos, 20 de diciembre de 2019, *Fundación Urgenda*, req. 19/00135.
123   TEDH, 24 de enero de 2019, *Cordella c. Italia*.
124   *Ibid.*, § 94.
125   TEDH, Gran Sala, 9 de abril de 2024, *Verein KlimaSeniorinnen Schweiz y otros*, *op. cit.*, § 537 (énfasis añadido).

estrategia de importación tiene consecuencias que se extienden a la elección de las obligaciones positivas impuestas al Estado,[126] que son tanto más imponentes cuanto que lo que está en juego es «la vida, la salud, el bienestar y la calidad de vida» de las personas.[127]

B. El alcance de las obligaciones positivas

El análisis del alcance de las obligaciones impuestas a los Estados revela una coincidencia de puntos de vista entre el Tribunal y las posiciones defendidas por algunas ONG intervinientes —como Global Justice Clinic, Climate Litigation Accelerator y el profesor C. Voig—[128] que habían pedido muy específicamente al Tribunal que interpretara las obligaciones que incumben a los Estados «a la luz de los Acuerdos de París y de los compromisos que de ellos se derivan». Más concretamente aún, CleanEarth señala con el dedo las «obligaciones de adoptar medidas de mitigación y adaptación». Estas se mencionan en el artículo 4b. y e. de la Convención Marco de las Naciones Unidas sobre el Cambio Climático (CMNUCC), y sabemos que se incluyeron en el artículo 2 de los *Acuerdos de París*. La Gran Sala no ha permanecido impermeable a este planteamiento de importar obligaciones de mitigación y adaptación.[129] Mientras que el caso suizo se presentaba en la literatura como un caso de «reducción» de GEI *(caso de mitigación)*;[130] mientras que algunos ya imaginaban cómo pasar a la fase de lanzamiento de casos centrados en cuestiones de adaptación,[131] el Tribunal, de forma bastante

---

126 *Ibid.,* § 540.
127 Frédéric Sudre ya había señalado en 2021 que el derecho a la salud había sido aprehendido por el Tribunal a través de los artículos 2, 3 y 8, «Le droit à la protection de la santé, droit diffus dans la jurisprudence de la Cour européenne des droits de l'homme», *RTDH,* 125 (2021), pp. 49-75.
128 TEDH, Gran Sala, 9 de abril de 2024, *Verein KlimaSeniorinnen Schweiz y otros,* *op. cit.,* § 395.
129 *Ibid.,* § 552.
130 R. Luporini y A. Savaresi, «Órganos internacionales de derechos humanos y litigios climáticos: ¿no miran hacia arriba?», *RECIEL,* 32 (2023), pp. 267-278.
131 Ricardo Luporini identifica tres tipos de casos a desarrollar: *casos de adaptación específica, casos de adaptación sistémica* y *casos de adaptación transnacional:* «Strategic Litigation at the Domestic and International Levels as A Tool to Advance Climate Change Adaptation? Challenges and Prospects», *YIDLaw Online,* 2023, pp. 202-236.

lógica en términos de los principios del Derecho internacional del clima, no disoció estos dos aspectos.

Dicho esto, no deja de mantener un delicado equilibrio para que estas innovaciones no parezcan excesivas. Por ejemplo, reintrodujo la idea de un «margen de apreciación nacional diferenciado»,[132] lo que ya había hecho en el asunto *Fedotova* sobre las uniones homosexuales.[133] En consecuencia, el margen se reduce cuando se trata de fijar los fines y los objetivos necesarios para luchar contra los efectos nocivos del cambio climático, mientras que «sigue siendo amplio para la elección de los medios de perseguir dichos fines y objetivos».[134] Esta libertad de elección se extiende lógicamente a las medidas que deben adoptarse y controlarse. Mientras que las ONG Our Children's Trust, Oxfam France, International y sus filiales piden expresamente al Tribunal que considere que «existen circunstancias excepcionales que pueden justificar que el Tribunal indique, en términos suficientemente precisos, medidas específicas en virtud del artículo 46 de la Convención con el fin de orientar a los Estados en la elección de las medidas, la trayectoria y el calendario»,[135] el Tribunal se esconde hábilmente detrás de las prerrogativas del Comité de Ministros.[136] Si bien reconoce que ya ha tenido que «indicar al Estado demandado el tipo de medidas, individuales y/o generales, que podría adoptar para poner fin al problema que dio lugar a la constatación de una violación», añade inmediatamente que

> habida cuenta de la complejidad y de la naturaleza de las cuestiones en juego, el Tribunal no puede ser preciso ni preceptivo en cuanto a las medidas que deben aplicarse para dar cumplimiento efectivo a la presente sentencia. Habida cuenta del margen de apreciación diferenciado concedido al Estado en la materia de que se trata, considera que el Estado demandado,

---

132 TEDH, Gran Sala, 9 de abril de 2024, *Verein KlimaSeniorinnen Schweiz y otros,* *op. cit.,* § 657.
133 TEDH, Gran Sala, 17 de enero de 2023, *Fedotova c. Rusia,* § 187-188.
134 TEDH, Gran Sala, 9 de abril de 2024, *Verein KlimaSeniorinnen Schweiz y otros,* *op. cit.,* § 543, § 549.
135 *Ibid.,* § 400.
136 *Ibid.,* § 656. De hecho, el procedimiento de sentencia piloto regulado en el artículo 61 del RI ya se ha aplicado en numerosas ocasiones, véase L.-A. Sicilianos, «The Involvement of the ECtHR in the Implementation of its Judgments: Recent Developments under Article 46 ECHR», *NQHR,* II.32 (3) (2014), pp. 235-262.

con la asistencia del Comité de Ministros, está en mejores condiciones que el Tribunal de Justicia para determinar con precisión las medidas que deben adoptarse.[137]

Una hábil estrategia de *judicial self restraint* en un ámbito políticamente delicado y técnicamente complejo.

* * *

El balance que la Gran Sala ha sabido presentar de forma pedagógica es una pequeña lección para un público heterogéneo: demuestra a sus oponentes (a menudo en desacuerdo con los matices),[138] que sabe exactamente dónde está el pulso democrático, al tiempo que recuerda a sus admiradores (los más activistas de los cuales quieren que resuelva todos los problemas) que ese no es su papel y que acepta asumir su parte de carga solo dentro de los límites de su competencia, lo que no excluye cierto grado de innovación. ¿Se entenderán y comprenderán estos matices? En cualquier caso, el Tribunal ha demostrado que el control convencional —cuando se ejerce con equilibrio y moderación— puede desempeñar un excelente papel en un enfoque cooperativo con las autoridades nacionales y en la «canalización del debate público» hacia la mejora de la protección de los derechos.[139] El Tribunal Europeo forma parte de un sistema democrático multinivel en el que se expresan todos los puntos de vista. Los ha presentado, los ha debatido y ha decidido, en cierto modo «escuchando a la naturaleza».

---

137   TEDH, Gran Sala, 9 de abril de 2024, *Verein KlimaSeniorinnen Schweiz y otros, op. cit.,* § 657.

138   El folleto de J.-E. Schoettl, *La Démocratie au péril des prétoires. De l'État de droit au gouvernement des juges,* París, Gallimard (col. Le Débat), 2022, 256 pp., es la ilustración más emblemática. Es la culminación de años de *ataques a los jueces* a través de varios canales «convencionales» (*Valeurs actuelles, Le Figaro, Figarovox,* entre otros).

139   La especialista en Filosofía del Derecho argumenta a favor de tal enfoque que, en nuestra opinión, se encuentra en las tres decisiones climáticas, M. Iglesias Vila, «¿Tribunales de derechos humanos sin atajos a la democracia? Contestación, conversación y revisión judicial», *Revista de Derecho del Estado,* 55 (abril de 2023), pp. 171-190.

2.
LA EJECUCIÓN DE LAS SENTENCIAS DEL TRIBUNAL EUROPEO DE DERECHOS HUMANOS: EL PAPEL DEL COMITÉ DE MINISTROS

Fredrik Sundberg[1]

Contexto

Los oradores que me han precedido han subrayado que, hoy en día, existe la fuerte sensación de que el *establishment* político-económico a menudo no presiona lo suficiente ni hace los esfuerzos necesarios para combatir eficazmente el cambio climático. Esto incluye, de manera muy importante, los esfuerzos necesarios para detener el calentamiento global, tal y como acordaron los Estados en las diferentes COP:s[2] de la Convención Marco de las Naciones Unidas sobre el Cambio Climático (CMNUCC) firmada en 1992 en la Cumbre de la Tierra de Río de Janeiro, o textos de seguimiento como el Protocolo de Kioto de 1994 o el Acuerdo de París de 2015. De especial importancia es que este último es un tratado vinculante de Derecho internacional, ratificado por todos los miembros del Consejo de Europa y por casi todos los demás países de nuestro planeta. Esto ha abierto perspectivas de que su contenido pueda inspirar la interpretación del Convenio Europeo de Derechos Humanos (en adelante «el Convenio») por parte del

---

1   Director del Instituto de Derecho Público e Internacional de Estocolmo (Suecia). Anteriormente ocupó numerosos cargos relacionados con el funcionamiento del sistema del Convenio Europeo de Derechos Humanos; en particular, fue jefe del Departamento para la ejecución de las sentencias del Tribunal Europeo de Derechos Humanos.
2   Conferencia de las Partes.

Tribunal Europeo de Derechos Humanos («el Tribunal»). Esta presentación se centrará en los efectos que podrían tener las consiguientes «sentencias climáticas».

Cabe recordar que el Tratado de París pretende limitar el aumento de la temperatura a 1,5 °C por encima de los niveles preindustriales (es decir, durante el periodo 1850-1900). Esto implica que las emisiones de gases de efecto invernadero deben alcanzar su punto máximo antes de 2025 como muy tarde y disminuir un 43 % antes de 2030. Sin embargo, el texto no aborda directamente, y esto de forma deliberada, la polémica cuestión de la «parte equitativa» que deben asumir los distintos Estados para alcanzar este objetivo. Las «contribuciones determinadas a nivel nacional», un concepto muy cercano al de «parte equitativa», se mencionan, sin embargo, en varios textos, especialmente en la decisión de Lima de 2014 (CMNUCC, Cita2014Cita 2019b) y en el Reglamento de París de 2018 (CMNUCC, Anexo I, § 6).

En esta situación, numerosas ONG y otras agrupaciones de particulares han pedido ayuda al poder judicial para obligar a sus Gobiernos a cumplir mejor sus compromisos internacionales.

Varios tribunales nacionales también han considerado que el Convenio, siendo a la vez un instrumento vivo y fuertemente basado en las normas de la ONU[3] (volveré sobre este punto más adelante), se aplica a las cuestiones climáticas e incluso justifica la exigencia hecha a los Estados de cuantificar los esfuerzos nacionales necesarios. Esta fue, por ejemplo, la postura de los tribunales neerlandeses en el famoso caso Urgenda, en el que el Tribunal Supremo de los Países Bajos confirmó, a finales de 2019,[4] en un caso iniciado en 2015, basándose en gran medida en el artículo 8 del Convenio, la postura de las instancias inferiores de que el Estado tenía que lograr una reducción del 25 % de las emisiones de gases de efecto invernadero para 2020.[5] Ese Tribunal indicó con cautela que su orden no equivalía a una

---

3   Por ejemplo, se dice expresamente que el Convenio es «el primer paso para la aplicación colectiva de algunos de los derechos enunciados en la Declaración Universal» de diciembre de 1948.
4   Caso Urgenda, sentencia del Tribunal Supremo publicada el 13 de enero de 2020: ECLI:NL:HR:2019:2007.
5   Según la información disponible, se adoptaron una serie de medidas durante el proceso, logrando un cambio de entre el 19 % y el 20 % para 2020, pero con un objetivo

orden de adoptar ninguna medida legislativa específica, sino que dejaba al Estado la libre elección de las medidas que debían adoptarse, cualesquiera que estas fueran a falta de pocos meses para la expiración del plazo. Actualmente está pendiente ante los tribunales suecos un caso que pretende obligar a Suecia, en relación con las obligaciones que le incumben en virtud del Convenio, a establecer, con medios razonables, su «parte equitativa» de la disminución necesaria de gases de efecto invernadero: el caso Aurora.[6] Estos son solo dos ejemplos de cómo los tribunales nacionales han intentado ampliar la protección medioambiental del Convenio al ámbito del cambio climático. En este momento, hay muchos casos similares en curso en todo el mundo.

Competencia del Tribunal Europeo y efectos de las sentencias

Hasta hace poco, los principales interrogantes eran saber si el propio Tribunal Europeo aceptaría también las cuestiones climáticas y, en caso afirmativo, cómo lo haría.

Estas cuestiones acaban de encontrar respuesta en tres importantes sentencias y decisiones del Tribunal: *Verein KlimaSeniorinnen y otros c. Suiza* (en adelante *KlimaSeniorinnen*),[7] con violaciones de los artículos 6 y 8 del Convenio, *Duarte Agostinho y otros c. Portugal y otros 32)*[8] en la que el Tribunal consideró que no se habían agotado los recursos internos; y *Carême c. Francia,*[9] en la que el Tribunal consideró que el demandante no cumplía los requisitos de ser víctima según el test de *KlimaSeniorinnen*. Estas sentencias establecen una serie de principios importantes, pero también plantean numerosas cuestiones adicionales en cuanto a la forma en que el Tribunal desarrollará su competencia y a la manera en que podrán ejecutarse las llamadas *sentencias climáticas*.

---

más ambicioso para el periodo posterior —véase la entrada de Wikipedia «Fundación Urgenda contra el Estado de los Países Bajos» (consulta: 30 de enero de 2025).

6 Asunto pendiente ante el Tribunal Supremo para decidir la cuestión del *locus standi* de la asociación que interpuso la demanda - asunto n.º Ö 7177-23.

7 Sentencia de 9 de abril de 2024.

8 Decisión de inadmisibilidad de 9 de abril de 2024.

9 Decisión de inadmisibilidad de 9 de abril de 2024.

Mi presentación se centrará en las cuestiones relacionadas con la ejecución de las sentencias del Tribunal en asuntos climáticos y, más concretamente, con la supervisión de la ejecución de dichas sentencias por parte del Comité de Ministros, en comparación con la ejecución en general de las sentencias del Tribunal.

Una consecuencia del desarrollo de la jurisprudencia del Tribunal ya es segura. Como han subrayado los oradores anteriores, el Tribunal ha confirmado el potencial del Convenio de ser un actor importante en los esfuerzos mundiales por promover una acción protectora contra el cambio climático. Así pues, ya ha tenido profundos efectos en los esfuerzos que se están realizando en el Consejo de Europa para reforzar la protección del medio ambiente y la protección contra el cambio climático, entre otros asuntos mediante nuevos instrumentos jurídicos, incluido un posible protocolo adicional al Convenio. Estas cuestiones han sido desarrolladas especialmente en la presentación realizada por mi colega Alfonso de Salas. La confirmación del nuevo desarrollo de la intrincada relación entre los tratados de la ONU y el Convenio también puede abrir nuevas posibilidades para reforzar los vínculos existentes entre los esfuerzos de la ONU para combatir el cambio climático y los del Consejo de Europa, incluso en el ámbito de la cooperación intergubernamental.

Ejecución de las sentencias: el papel del Comité de Ministros

Una consecuencia importante del hecho de que el Tribunal haya asumido su competencia es que la cuestión de las medidas correctoras también se planteará ahora ante el Comité de Ministros, cuya función es supervisar, en virtud del artículo 46 del Convenio y de acuerdo con la lógica de la garantía colectiva establecida por el Convenio, que los Estados demandados acaten fielmente las sentencias del Tribunal.

De acuerdo con esta garantía colectiva, el Comité está compuesto por representantes de los 46 Estados miembros del Consejo de Europa, teniendo la Comisión Europea derecho de asistencia pero no de voto (este último aspecto cambiará evidentemente en caso de que la Unión Europea [UE] se adhiera al Convenio). Según el estatuto del Consejo de Europa, los representantes son los ministros de Asuntos Exteriores. En la práctica, estos pueden delegar en otros ministerios para que estén presentes si lo consideran oportuno. En la gestión de los asuntos ordinarios, los ministros están representados por representantes permanentes que pueden ser de procedencia variada y que a menudo cuentan con la asistencia de distintos expertos nacionales y/o responsables de la toma de decisiones.

El texto básico (art. 46, § 1) es breve y reza así:

> Las Partes Contratantes se comprometen a acatar la sentencia definitiva del Tribunal en cualquier asunto en el que sean partes.

El apartado 2 del artículo especifica que:

> La sentencia definitiva del Tribunal se transmitirá al Comité de Ministros, que supervisará su ejecución.

Al igual que muchos otros artículos breves del Convenio, el artículo 46 esconde un mundo de prácticas y consideraciones matizadas. Pero antes de abordarlas, creo que es importante hacer algunos comentarios introductorios, especialmente a la vista de las reacciones negativas de Suiza a la sentencia *KlimaSeniorinnen*.

Estas reacciones negativas ya estaban en el aire en el momento del Coloquio de Zaragoza, pero desde entonces se han visto confirmadas especialmente por dos votaciones del Parlamento suizo, una en la Cámara Alta el 5 de junio de 2024, seguida rápidamente por otra similar en la Cámara Baja el 12 de junio de 2024. El Gobierno suizo *(Bundesrat)* emitió el 28 de agosto una declaración similar.[10] El informe de acción presentado el 10 de octubre de 2024 ha sido considerado *de minimis* por

---

10   En una declaración aclaratoria en la que esboza su postura, el *Bundesrat* discrepa educada pero firmemente de la sentencia: aunque «reconoce» la importancia del Convenio Europeo de Derechos Humanos, critica la «amplia interpretación» que hace de él el Tribunal, tanto al extenderlo al ámbito de la protección del clima como al ampliar el derecho de recurso a las asociaciones (en este caso, la Asociación Suiza de Mayores por el Clima, que presentó el caso inicial en Estrasburgo). Además, según el Gobierno, no está de acuerdo con que la política climática suiza sea inadecuada. El veredicto de abril no tuvo en cuenta ni la revisión de la Ley de CO_2, aprobada por el Parlamento en marzo, ni la nueva Ley de Electricidad. En definitiva, «el Consejo Federal considera que Suiza cumple los requisitos de la sentencia en materia de política climática», una posición que expondrá con más detalle en el Comité de Ministros del Consejo de Europa a finales de este año (resumen del sitio de noticias «Swissinfo.ch» del 28 de agosto de 2024).

las ONG y las instituciones nacionales de protección y promoción de los derechos humanos (INDH) e incluso como una negación por parte de las autoridades suizas de ciertas conclusiones del Tribunal.[11] Con toda probabilidad, la posición suiza será examinada por el Comité de Ministros en marzo de 2025.

Ante esta actitud y las especiales características de los casos climáticos, parece oportuno recordar algunos rasgos básicos del sistema del Convenio que ponen de relieve su importancia para Europa y que condicionan todos los procesos de ejecución y el alcance y la intensidad de la supervisión de la ejecución por parte del Comité de Ministros.

Ni que decir tiene que muchas de las consideraciones que se exponen a continuación se verán aún más reforzadas debido a la amenaza especialmente grave y urgente que el cambio climático y el calentamiento global suponen para el disfrute de los derechos humanos, tal y como ha puesto de relieve la firme actuación de las Naciones Unidas impulsada por los numerosos desastres naturales recientes relacionados con el clima y el creciente riesgo de que se produzcan otros nuevos.

La importancia de la garantía colectiva

Una primera serie de comentarios se refiere a las fuerzas que subyacen al firme compromiso consagrado en el artículo 46, más allá de la fuerza moral del *pacta sunt servanda*.

El tiempo y el espacio solo permiten un esbozo somero, pero ya tal esbozo ayudará, espero, a comprender la importancia que concede el Comité de Ministros del Consejo de Europa a la plena y rápida ejecución de todas las sentencias del Tribunal, aunque esta ambición se enfrente a menudo con las duras realidades de la política interna y la insuficiencia de recursos, tanto en el ámbito nacional como en Estrasburgo. Una situación que no pocas veces ha dado lugar a procesos de ejecución muy complejos y largos. Aun así, siempre se han mantenido las actividades de presión y

---

11   Los escritos pertinentes pueden encontrarse en HUDOC EXEC una vez abierto el caso en el archivo «documentos del caso».

apoyo, y ello también a lo largo de Gobiernos consecutivos, hasta lograr resultados satisfactorios conformes con el Convenio.

Para entender bien el proceso, también hay que tener en cuenta el escasísimo número de casos que apuntan a problemas más generales y a los que se ha permitido pasar los filtros instalados. En efecto, desde el año 2000, solo unos doscientos asuntos al año han llegado al Comité de Ministros para la supervisión de la ejecución, y esto para 46/47 Estados miembros. Evidentemente, esto no se corresponde en modo alguno con el número real de problemas y el Comité ha trabajado duro para impulsar la capacidad nacional de hacer frente a los problemas, sin la ayuda del Consejo de Europa, de una manera que sea conforme con el Convenio. Volveré sobre esto más adelante.

Un punto de partida para nuestra reflexión podría ser la postura expresada por los jefes de Estado y de Gobierno en la Declaración que hicieron en la Cumbre de Reikiavik en mayo de 2023. En ese texto se subrayaba que el sistema del Convenio ha contribuido de forma extraordinaria a la protección y promoción de los derechos humanos y del Estado de derecho en Europa, además de desempeñar un papel central en el mantenimiento y la promoción de la seguridad y la paz democráticas en todo el continente. Sin sorpresa alguna, la Cumbre también subrayó que la ejecución de las sentencias del Tribunal y la supervisión efectiva de dicho proceso revisten una importancia fundamental para garantizar la sostenibilidad a largo plazo, la integridad y la credibilidad del sistema del Convenio.[12]

---

12   La misma posición se adoptó durante el llamado *proceso de Interlaken* (2010-2019) destinado a salvaguardar y mejorar el sistema de protección de los derechos humanos en Europa. En ese marco, la Declaración adoptada en la Conferencia de Alto Nivel de Copenhague en 2018 recordó, por ejemplo, la extraordinaria contribución del Convenio a la protección y la promoción de los derechos humanos y el Estado de derecho en Europa desde su creación y que hoy desempeña un papel central en el mantenimiento de la seguridad democrática y la mejora de la buena gobernanza en todo el continente. Pero esto no fue más que una repetición de las declaraciones realizadas en la Conferencia ministerial celebrada en Roma en noviembre de 2000 «El Convenio Europeo de Derechos Humanos a los 50: ¿Qué futuro para la protección de los derechos humanos en Europa?», adoptadas en la Conferencia Ministerial y la Ceremonia Conmemorativa del 50 aniversario del Convenio.

Para comprender mejor la realidad que subyace a esta declaración, quizá merezca la pena recordar algunas de las principales contribuciones del sistema del Convenio a la configuración de la Europa que hoy conocemos. Contribuciones que no parecen haber perdido un ápice de actualidad ante los retos a los que hoy se enfrenta el continente.

El primer objetivo básico del Convenio, según lo previsto por los padres fundadores a principios de los años cincuenta, antes de que el derecho de petición individual y la jurisdicción obligatoria del Tribunal se hubieran aceptado de forma más general, era ser un «orden público» para Europa.[13] Esto se manifestó especialmente en las denuncias interestatales «exitosas» cuando el Gobierno democrático se vio amenazado por tomas de poder autoritarias directas, militares,[14] y también en la asistencia para la resolución de conflictos entre Estados en diferentes situaciones.[15]

---

13 Véase el asunto interestatal _Austria c. Italia_ y el informe de la Comisión de 30 de marzo de 1963, p. 36.

14 Véase, por ejemplo, la importancia de los procedimientos del Convenio emprendidos para apoyar las reacciones contra los golpes militares en Grecia en 1967 y en Turquía en 1980. En el caso de Grecia, hubo cuatro demandas presentadas por Dinamarca, Noruega, Suecia y los Países Bajos contra Grecia en 1967, Resoluciones DH(70)1 y DH(74)2 del Comité de Ministros. La investigación de la Comisión fue crucial, ya que desacreditó la justificación del golpe por parte de los coroneles: la Comisión no vio ningún indicio de la revolución comunista a la que se hacía referencia. Grecia se vio obligada a abandonar el Consejo de Europa, pero el régimen militar solo sobrevivió cuatro años. En el caso de Turquía, Dinamarca, Noruega y Suecia presentaron una solicitud conjunta en 1970, que fue eliminada de la lista por la Comisión en 1976 debido a la vuelta a la democracia. Véanse también las cinco demandas presentadas por Dinamarca, Francia, Países Bajos, Noruega y Suecia contra Turquía en 1982. El asunto se resolvió aquí mediante un acuerdo amistoso refrendado en el informe de la Comisión de 7 de diciembre de 1985 y seguido por el restablecimiento del régimen democrático y el reconocimiento del derecho de petición individual a partir de 1989 y la aceptación de la jurisdicción obligatoria del Tribunal en 1990.

15 Así, el caso _Grecia c. Reino Unido_ sobre la gestión del Reino Unido de Chipre bajo su mandato que resultó en la creación de la República de Chipre en 1950, el caso de _Austria c. Italia_ relativo a la gestión de un procedimiento penal muy politizado relacionado con la gestión por parte de Italia de la minoría austriaca en el Tirol del Sur que surgió con el desmantelamiento del Imperio austriaco en el Tratado de San Germán en 1919, o el caso de _Chipre c. Turquía_ en 1974 relacionado con el respeto por parte de Turquía del Convenio en el contexto de su intervención militar en la parte norte de Chipre para detener el golpe de Estado organizado por un tal Samson para desalojar al arzobispo Makarios y la posterior gestión de los derechos de los grecochipriotas que vivían allí, tanto los de los grecochipriotas que huyeron, como los de los que se quedaron; o el caso iniciado por Irlanda sobre

Este objetivo principal también se manifestó en la ambición de garantizar que los nuevos Estados creados fueran democráticos y respetuosos con el Estado de derecho y los derechos humanos[16] y de incorporar a todos los Estados europeos democráticos, incluso neutrales, al sistema de cooperación y unificación intergubernamental del Consejo de Europa, un movimiento que se aceleró radicalmente tras la desaparición de la antigua Unión Soviética con su sistema de Estados satélites y la aceptación general de la democracia por parte de todos los nuevos Estados y Gobiernos que surgieron.[17] Desde entonces, la rica jurisprudencia del Tribunal se desarrolló exponencialmente debido al gran número de demandas que se presentaron y a la jurisprudencia bien constituida que esto creó, con mucho énfasis también en el Estado de derecho y en los principios básicos para una auténtica democracia, generando confianza e intensa cooperación y apoyo a los esfuerzos de unificación de Europa.

Aunque los padres fundadores no podían prever fácilmente el éxito que alcanzaría el derecho de petición individual, confiaban plenamente en la capacidad del Convenio para contribuir a garantizar los objetivos del Consejo de Europa. Leído a la luz de su referencia al Estatuto del Consejo de Europa, el sistema del Convenio se concibió desde el principio como una contribución esencial a la unificación europea, ya que creaba el entendimiento común y la observancia de los derechos humanos de los que dependían la paz y la justicia, un entendimiento que también se consideraba

---

el trato dado a los presuntos terroristas del IRA en Irlanda del Norte. Recientemente, un gran número de casos interestatales han estado relacionados con los conflictos entre Rusia y Georgia y Ucrania. No es este, sin embargo, el lugar para entrar con detalle en estos importantes litigios.

16   Véanse, por ejemplo, el Tratado de creación de la República de Chipre tras los acuerdos de Zúrich de 1950; el acuerdo de paz de Dayton de 1995; la misión encomendada por la ONU a la UNMIK para garantizar que Kosovo, bajo mandato de la ONU, estableciera procedimientos que garantizaran el respeto del Convenio. De similar importancia fueron los acuerdos de Viernes Santo entre Irlanda y el Reino Unido e Irlanda del Norte, que fijaron el respeto del Convenio como piedra angular del proceso de paz.

17   Véase por lo que se refiere al periodo más importante —es decir, desde la aceptación de los «neutrales», a saber, Austria en 1956 y Suiza en 1963 y las nuevas democracias de Portugal en 1976 y España en 1977— hasta 1995, la visión de conjunto del embajador Hans Winkler, «Democracy and Human Rights in Europe - A survey of the Admission practice of the Council of Europe», *Austrian Journal of Public and International Law,* 47 (1995), pp. 147-172.

esencial para los objetivos más amplios del Consejo de progreso económico y social en Europa. Objetivos compartidos desde hace tiempo con las Comunidades Europeas y ahora con la Unión Europea (UE).

La importancia del Convenio quedó fuertemente subrayada por el hecho de que se convirtió en parte evidente del proyecto de estatuto de una «Comunidad Europea» desarrollado en 1952-1954,[18] pero que fracasó ante la Asamblea Nacional francesa en 1954 cuando esta rechazó la propuesta de comunidad de defensa (elemento esencial de la nueva comunidad política).[19]

Sin embargo, la importancia del Convenio para la unificación europea no se vio afectada por este fracaso. Su importante contribución a la construcción europea se hizo patente, sobre todo, al integrarse en los principios generales del Derecho que vinculaban a las Comunidades Europeas, inicialmente mucho más técnicas. La adhesión al Convenio[20] permitió a las Comunidades, tras la crisis de los años sesenta, avanzar en cuestiones más políticas, en particular consiguiendo que se aceptara la idea de la supremacía del Derecho comunitario. Paralelamente, la masa de asuntos resueltos en Estrasburgo y la amplitud de las cuestiones tratadas también

---

18   Elaborado mediante una cooperación entre las Asambleas de la Comunidad del Carbón y del Acero y del Consejo de Europa y que condujo a la propuesta de un texto concreto en 1953. Cabe señalar que el proyecto elaborado por el Comité Constitucional de la Asamblea *ad hoc* creada a tal efecto indicaba en el § 45.3: «En caso de que surja una controversia que plantee una cuestión de principio sobre la interpretación o el alcance de las obligaciones resultantes de dicho Convenio y que, por consiguiente, afecte a todas las Partes en el mismo, el Tribunal (de la Unión) renunciará a pronunciarse, si fuere necesario, hasta que los órganos judiciales previstos en el Convenio hayan resuelto la cuestión de principio».

19   Desaparecida la amenaza para Europa vinculada a la expansión comunista con la muerte de Stalin y finalizada la guerra de Corea, las vacilaciones francesas para rearmar a Alemania se imponen.

20   Véase el asunto 11/70 *Internationale Handelsgesellschaft mbH v; Einfur- und Vorratsstelle für Getreide und Füttermittel,* 17 de diciembre de 1970, desarrollado en el asunto 36/75 *Rutilli c. Ministerio del Interior,* de 28 de octubre de 1975, y refrendado políticamente en la declaración conjunta de 5 de abril de 1977 de los presidentes de la Asamblea, del Consejo y de la Comisión de las Comunidades Europeas en la que se comprometen a respetar, en el ejercicio de sus competencias y para la consecución de los fines de las Comunidades, los derechos fundamentales tal y como resultan, en particular, del Convenio Europeo de Derechos Humanos. Una evolución que permite desarrollar la supremacía del Derecho comunitario.

habían permitido al Convenio crear un espacio jurídico europeo común. Desde entonces, esto se ha visto reforzado de muchas maneras, en particular por la incorporación generalizada del Convenio[21] y de la jurisprudencia del Tribunal[22] como parte de los ordenamientos jurídicos de los Estados miembros. Así pues, la importancia del sistema del Convenio ha seguido siendo esencial para contribuir a garantizar la «confianza mutua» entre los Estados miembros de la UE, necesaria para una cooperación en profundidad y también para ayudar a los Estados candidatos a cumplir los criterios de admisión. Este papel inspirador de «confianza» también es evidente en la cooperación post-Brexit con el Reino Unido. De hecho, el respeto mutuo del Convenio se incluye como condición esencial para la cooperación en muchos ámbitos en el acuerdo de comercio y cooperación de 2021 entre la UE, la CEEA y el Reino Unido e Irlanda del Norte.[23]

21　Así, el Comité de Ministros observó con satisfacción en varias resoluciones y recomendaciones de 2004 que «el Convenio se ha convertido ya en parte integrante del ordenamiento jurídico interno de todos los Estados Partes» —véase, por ejemplo, la recomendación (2004)5 sobre la verificación de la compatibilidad de los proyectos de ley, las leyes vigentes y la práctica administrativa con las normas establecidas en el Convenio Europeo de Derechos Humanos—.

22　Véase, por ejemplo, el informe de 2019 del Comité Director para los Derechos Humanos (CDDH) del Consejo de Europa al Comité de Ministros sobre los resultados del *proceso de Interlaken,* documento CDDH(2019)R92, Addendum 2, p. 54: el procedimiento estándar del Comité para la supervisión de la ejecución se «basó en los avances realizados en la incorporación nacional del Convenio y del efecto directo generalmente otorgado a las sentencias del Tribunal»; la importancia de este efecto para la ejecución como medidas adoptadas se ha destacado constantemente por el hecho de que las medidas adoptadas no solo deben confirmar con las conclusiones específicas del caso en la sentencia, sino también con la jurisprudencia más general del Tribunal. Véanse, por ejemplo, las sentencias del Tribunal en el caso *Broniowski c. Polonia,* sentencia de 22 de junio de 2004, § 194, en *Ramadhi c. Albania,* sentencia de 13 de noviembre de 2007, § 94, en *Scordino c. Italia,* sentencia de 29 de marzo de 2006, § 237. Las medidas de reparación adoptadas también deben integrar esta jurisprudencia para ser efectivas en virtud del artículo 13, véase, por ejemplo, *Martins Castro y Alves c. Italia,* sentencia de 29 de marzo de 2006, § 237.g. *Martins Castro y Alves Correia de Castro c. Portugal,* sentencia de 10 de junio de 2008, § 65 y 66 y según lo exigido en la práctica del Comité de Ministros, por ejemplo, ResDH(2011)293 provisional en el caso *Burdov n.º 2 c. Federación de Rusia.*

23　Acuerdo de Comercio y Cooperación entre la Unión Europea y la Comunidad Europea de la Energía Atómica, por una parte, y el Reino Unido de Gran Bretaña e Irlanda del Norte, por otra, de 30 de abril de 2021, L149; véanse, en particular, el preámbulo y la disposición horizontal general § 762 y, en particular, la específica § 524 relativa a la cooperación policial y judicial, en relación con la prevención, la investigación, la detección y el enjuiciamiento de delitos y la prevención y la lucha contra el blanqueo de capitales y la

Efectos derivados de una buena ejecución. Un sistema coherente del Convenio y un apoyo a la ONU

Como se afirmó en la Cumbre de Reikiavik, la coherencia del sistema del Convenio se ve favorecida en gran medida por la ejecución rápida y efectiva de las sentencias del Tribunal frente al Estado demandado. Sin embargo, una buena ejecución no solo es relevante para el Estado demandado. También es importante para la coherencia del propio sistema del Convenio.

Así pues, una ejecución y una supervisión de la ejecución eficientes también contribuyen a garantizar que todos los Estados miembros respeten el Convenio, ya que todos los Estados saben que, si no adaptan proactivamente sus leyes y sus prácticas a los requisitos previsibles del Convenio, también corren el riesgo de ser condenados por el Tribunal y sometidos a la supervisión del Comité de Ministros para garantizar que ponen remedio a la situación.

Lo contrario también es cierto en el sentido de que el proceso de ejecución obliga a los Estados demandados a integrar la jurisprudencia desarrollada contra otros Estados. De hecho, el alcance de las medidas de ejecución exigidas al Estado demandado no solo debe abordar las conclusiones directas del Tribunal en la sentencia dictada contra él, sino también las que se desprenden de la jurisprudencia del Tribunal, por tanto, también en casos contra otros países (véase más abajo). Un ejemplo típico: un Estado no puede remediar una violación causada por la ausencia de revisión judicial de la detención de enfermos mentales mediante un mero procedimiento escrito ante un juez. Existe una larga jurisprudencia desarrollada en casos contra otros países. El Tribunal ha subrayado muchos otros requisitos, por ejemplo, la importancia de una vista oral, incluido el derecho a presentar opiniones de expertos, el acceso a la asistencia jurídica, etc. Evidentemente, las medidas

---

financiación del terrorismo. De especial interés desde la perspectiva climática es también el apoyo del Comité de Ministros a los Principios Rectores de las Naciones Unidas sobre las Empresas y los Derechos Humanos. En la Recomendación del Comité de Ministros a los Estados miembros sobre este tema (Recomendación [2016]2), el Comité consideró que muchas, si no la mayoría, de las obligaciones derivadas de los principios de la ONU estaban contempladas en el Convenio, al menos en combinación con la Carta Social (dos instrumentos que trabajan en estrecha simbiosis).

correctoras deben tener en cuenta todos estos requisitos si el Comité de Ministros acepta que se ha producido la ejecución. En consonancia con lo anterior y para simplificar la ejecución, el Comité de Ministros ha trabajado duro durante muchas décadas para garantizar que la jurisprudencia del Tribunal surta efecto directo en el ordenamiento jurídico nacional, de modo que pueda presumirse que la mera publicación de las sentencias dictadas por el Tribunal logra los cambios necesarios en la situación jurídica nacional.[24]

De este modo, el proceso de ejecución también ha contribuido a los efectos *erga omnes* de las sentencias del Tribunal y ha complementado útilmente los esfuerzos del propio Tribunal por reforzar este efecto.

Se recuerda así que el Tribunal ha subrayado desde el principio que sus sentencias no solo sirven para resolver el caso que se le somete, sino también para «elucidar, salvaguardar y desarrollar las normas instituidas por el Convenio, contribuyendo así a la observancia por los Estados de los compromisos contraídos».[25] El Comité de Ministros ha adoptado numerosas medidas en apoyo de este efecto *erga omnes,* más allá de las directamente vinculadas a su control de ejecución. Así, se han emprendido actividades de cooperación intergubernamental de considerable alcance y el Comité ha adoptado toda una serie de recomendaciones a los Estados miembros para impulsar la recepción de la jurisprudencia del Tribunal, por ejemplo, para garantizar que los recursos sean efectivos, que los procedimientos legislativos tengan en cuenta el conjunto de la jurisprudencia del Tribunal, que esta jurisprudencia general esté bien publicada y que exista una buena formación universitaria y profesional. Estos esfuerzos también se han visto ampliamente respaldados por numerosos programas de formación para jueces, fiscales y otros funcionarios. La Asamblea Parlamentaria también organizó programas especiales de formación para todos los juristas empleados por los Parlamentos de los Estados miembros.

---

24 Véase, por ejemplo, la resolución final Res/DH(2010)8 del Comité de Ministros en el caso *Iglesia Metropolitana de Besarabia y otros c. República de Moldova,* o la resolución final Res/DH(2009)12 en el caso *Evaldsson y otros c. Suecia.*

25 Un principio que ya se deriva del asunto *Austria c. Italia,* antes citado, y que se expresó en *Irlanda c. Reino Unido,* sentencia de 18 de enero de 1978, § 154, y en numerosos asuntos posteriores.

Dicho esto, garantizar la recepción efectiva de la vasta y compleja jurisprudencia del Tribunal en todos los Estados miembros sigue siendo un problema práctico de envergadura, como se pone de manifiesto de muy diversas maneras. Uno de los más notables es el gran número de los llamados casos WECL *(well established case law)* ampliados (decididos por un Comité de tres jueces), es decir, casos en los que se constatan violaciones a pesar de la existencia de una jurisprudencia bien establecida en el área en cuestión a través de casos contra otros Estados.

Un último comentario se refiere a los vínculos entre el Convenio y las Naciones Unidas. En efecto, el Convenio es, según su preámbulo, un primer paso para garantizar colectivamente algunos de los derechos contenidos en la Declaración Universal de los Derechos Humanos de 1948, que sigue siendo el principal texto sobre derechos humanos en el mundo.[26] En esta línea, no es de extrañar que los órganos del Convenio se hayan inspirado a menudo, desde el principio, en los tratados de la ONU[27] o en recomendaciones a la hora de interpretar el contenido de las obligaciones del Convenio. También los Principios Rectores de la ONU, especialmente los relativos a las personas desplazadas,[28] han sido claramente mencionados por el Tribunal como fuentes de inspiración. Otros

---

26   La Declaración de El Cairo de 1990 sobre los Derechos Humanos en el Islam, elaborada por la Organización de Cooperación Islámica (OCI), se basa en los derechos recogidos en la *sharia* o ley islámica. Aunque incluía muchos de los derechos presentados en la Declaración Universal, dejaba de lado los derechos de género y de los no musulmanes y daba poder a los Estados a expensas de los individuos. Esto suscitó críticas y, a principios de la década de 2010, la OCI comenzó a revisar el instrumento e introdujo la Declaración de la OCI sobre Derechos Humanos unos diez años después. El nuevo texto refleja mejor las normas básicas de la Declaración Universal y se dice que ofrece a la comunidad internacional una mejor oportunidad de cooperar con la OCI a pesar de las diferencias que persisten.

27   El caso *Sindicato de Ingenieros Suecos c. Suecia* es un ejemplo de ello. Refiriéndose a los convenios de la OIT, se constató que el derecho a la libertad de asociación también incluía el derecho a negociar con organizaciones no gubernamentales —véase la demanda 5614/72, informe de la Comisión, p. 33, o en cuanto a la pertinencia del Convenio de Aarhus de la ONU, *Di Sarno c. Italia,* sentencia de 10 de enero de 2012, § 107; *Locascia y otros c. Italia,* sentencia 19 de octubre de 2023, § 125—.

28   Principios Rectores de los Desplazamientos Internos de las Naciones Unidas, E/CN.4/1998/53/Add.2, de 11 de febrero de 1998. *Dogan y otros c. Turquía,* sentencia de 29 de junio de 2004, § 154. *Saghinadze y otros c. Georgia,* sentencia de 27 de mayo de 2010.

han sido señalados de diferentes maneras.[29] Ejecutar correctamente las sentencias basándose en las sinergias con los textos de las Naciones Unidas es, por tanto, importante, no solo para Europa, sino también para apoyar la propia autoridad de las Naciones Unidas. De hecho, los esfuerzos de la ONU pueden ser muy relevantes para la ejecución y también los textos de la ONU pueden inspirar los procesos de ejecución.[30]

Fundamentos del procedimiento de supervisión

Interacción con el Tribunal

Una primera premisa es que las sentencias del Tribunal son básicamente declarativas. Además, el Tribunal suele resolver los asuntos sobre una base muy casuística, de modo que sus conclusiones se limitarán en principio a las circunstancias específicas del caso.

A la luz de lo anterior, la ejecución de una sentencia y la supervisión de dicha ejecución pueden obtener poca orientación del Tribunal. Sin embargo, la larga experiencia demuestra que una sentencia de este tipo, cuando se confronta con el conocimiento adicional y la comprobación de los hechos en el Comité, revela problemas más generales, a veces incluso problemas estructurales muy importantes.[31]

---

29   Otras Directrices de las Naciones Unidas, como las «Directrices de las Naciones Unidas para la prevención de la delincuencia juvenil» (Directrices de Riad), adoptadas y proclamadas por la Asamblea General en su Resolución 45/112, de 14 de diciembre de 1990, se han señalado no pocas veces en la parte relativa a los hechos y se ha hecho referencia a ellas en dictámenes separados.

30   Véase, por ejemplo, la decisión de los ministros adjuntos en su 514.ª reunión (DH) (3-5 de diciembre de 2024) en el grupo *Khashiyev y Akayeva c. Federación de Rusia;* también la decisión en la misma reunión en los casos Bryan y otros y una serie de casos adicionales también contra Rusia; o su decisión en su 1398.ª reunión (DH) (9-11 de marzo de 2021) en *Corallo c. Países Bajos;* o su decisión en su reunión 1331 (DH) (diciembre de 2018) en *Kebe y otros c. Ucrania;* o su decisión en su reunión 1265 (septiembre de 2016) en *el grupo Parascineti y el grupo Cristian Teodorescu,* ambos contra Rumanía.

31   Entre los principales problemas de este tipo figuran la duración excesiva de los procedimientos judiciales en muchos Estados, los problemas masivos de no ejecución de las sentencias de los tribunales nacionales, las condiciones de detención inhumanas, la regulación deficiente de la detención preventiva o de la detención en hospitales psiquiátricos. Incluso si el Tribunal no ha intervenido desde el principio, no es infrecuente que intervenga en

Esto significa que, casi por definición, la supervisión de la ejecución planteará numerosos problemas y cuestiones jurídicas que no suelen plantearse durante la fase contenciosa ante el Tribunal. En consecuencia, la actividad de supervisión del Comité ha completado la jurisprudencia del Tribunal con una vasta práctica de ejecución —o «acervo», como lo denominó el Tribunal en la sentencia por incumplimiento en el asunto *Ilgar Mammadov*—.[32]

Dicho esto, el Tribunal es, en virtud del Convenio, el maestro final de la interpretación de todos los artículos del Convenio. En consecuencia, nunca ha evitado intervenir, cuando lo ha considerado oportuno, en el ámbito de la ejecución.[33] Sin embargo, a nivel mundial, estas intervenciones han sido más bien escasas.[34]

Respuestas básicas requeridas

Un elemento importante del «acervo» del Comité es su enfoque del alcance de la obligación de «cumplir».

Los requisitos básicos se establecieron en el ahora abolido (a partir de 1998 con el Protocolo n.º 11) procedimiento del artículo 32 ante el Comité

---

el proceso de ejecución en curso de diferentes maneras, por ejemplo, con una sentencia piloto o del artículo 46 —durante mucho tiempo, hasta 2019, se informó de estos casos en los informes del Comité de Ministros sobre su supervisión de la ejecución de las sentencias—.

32   Véase la sentencia *Ilgar Mammadov* sobre el artículo 46 § 4, sentencia de 29 de mayo de 2019, § 163.

33   Entre los primeros ejemplos figuran el asunto *Belgian Linguistic*, sentencia de 23 de julio de 1968 en la que el Tribunal indicó claramente en las disposiciones operativas la resolución contraria al Convenio, y el asunto *Vermeire* también contra Bélgica, sentencia de 29 de noviembre de 1991, en el que se extendió en el análisis del procedimiento de ejecución con la conclusión de que los tribunales belgas habían retrasado innecesariamente la ejecución al diferirla a largos procedimientos parlamentarios en lugar de dar ellos mismos efecto directo a una sentencia anterior contra Bélgica sobre el mismo asunto, *Marckx contra Bélgica,* para lograr una rápida ejecución. Con la enorme carga de asuntos que siguió a la ampliación del Consejo de Europa, el Tribunal no mostró ningún interés renovado por la ejecución hasta mediados de 2000, y ello solo después de que el Comité de Ministros le invitara a prestar asistencia —véase la Resolución (2004)3 sobre las sentencias que revelan un problema sistémico subyacente—.

34   Véanse las estadísticas en los informes anuales del Comité de Ministros sobre su supervisión de la ejecución.

de Ministros, y esto ya en los primeros casos en 1963, los casos *Pataki y Dunshirn c. Austria*,[35] cinco años antes de que el Tribunal estableciera su primera violación en el llamado «asunto lingüístico belga» en 1967.[36] Estos requisitos abarcan:

— la reparación a los demandantes, sobre todo medidas individuales que borren los efectos de las violaciones, como la reapertura de los procedimientos judiciales impugnados;
— la toma de medidas generales capaces de prevenir nuevas violaciones similares a las constatadas, siempre que sea posible acompañadas de medidas provisionales que ayuden a prevenir, rápidamente y en la medida de lo posible con los medios disponibles, posibles nuevas violaciones.

Estos requisitos básicamente nunca han cambiado,[37] aunque su interpretación más detallada en diferentes circunstancias haya evolucionado con el tiempo hasta formar el actual «acervo».

Procedimiento de control del Comité de Ministros

El Comité ha organizado un procedimiento elaborado, público e inclusivo para garantizar que se examinan todas y cada una de las sentencias que se le transmiten con el fin de establecer las posibles necesidades de medidas individuales y/o generales. Si se detectan problemas más generales, el examen abarcará también el alcance de los problemas revelados, sus causas profundas, las medidas correctoras necesarias y lo que podría ser un calendario de actuación aceptable. El análisis se basa en la naturaleza de las violaciones constatadas, las posibles indicaciones en la sentencia del Tribunal (incluso a través de su razonamiento), las posiciones adoptadas por el Gobierno demandado (la subsidiariedad obliga) especialmente en los planes de acción / informes presentados (según el

---

35   Resolución final del Comité de Ministros de 6 de mayo de 1963, solicitudes presentadas, respectivamente, por Franz Pataki y Johann Dunshirn, nacionales austriacos, contra Austria.
36   Sentencia de 23 de julio de 1968.
37   Véase, por ejemplo, el actual Reglamento del Comité para el control de la ejecución de las sentencias, § 6.

caso en cooperación con el Departamento para la ejecución de las sentencias del Tribunal).

Se puede observar que, hasta ahora, la identificación de problemas más generales se lleva a cabo en un 80/90+ % en el procedimiento ante el Comité de Ministros. Así pues, hasta ahora la asistencia judicial ha seguido siendo excepcional

La adecuación de las medidas propuestas por el Estado demandado se examina a la luz de varios parámetros, tales como las conclusiones de la sentencia del Tribunal de Justicia de las Comunidades Europeas, la jurisprudencia general pertinente del Tribunal, en particular en el ámbito de que se trate, la práctica / «acervo» del Comité de Ministros y toda la información pertinente disponible sobre la evolución de la situación del solicitante y, de forma similar, la información sobre el desarrollo de la situación nacional pertinente, incluida también la evolución de la legislación y las prácticas.[38] No es infrecuente que el ejercicio requiera una gran cantidad de nuevos datos y debates, tanto bilaterales o multilaterales, así como dentro del Comité de Ministros.

Cabe señalar que el artículo 46 no limita el acatamiento a las violaciones constatadas, sino que abarca toda la sentencia. De hecho, incluso una sentencia sin violación puede contener elementos que el Estado tendrá que acatar, por lo general, el pago de determinadas costas. Pero puede haber otros asuntos, por ejemplo, problemas encontrados en el agotamiento de los recursos internos, que deban ser atendidos. Incluso un acuerdo amistoso ante el Tribunal sin más compromiso que el pago de una suma

---

38   Véase, por ejemplo, la reafirmación general que se hace en los informes anuales del Comité de Ministros, así, por ejemplo, en el informe de 2017, p. 249, § 13, y las normas que ha adoptado para la supervisión de la ejecución de las sentencias y las condiciones de los acuerdos amistosos, en particular las normas 6 y 9, leídas en relación también con la información más detallada facilitada en cuanto a su procedimiento y métodos de trabajo (documento GR-H[2016]2-final y en el documento CM/Inf[2004]8 final, apéndice II). También puede ser relevante la evolución posterior de la jurisprudencia, ya que el Comité no puede aceptar de buena fe sin más una reforma que es claramente contraria al Convenio, aunque esto solo se haya puesto de manifiesto en el curso del procedimiento de supervisión. Un ejemplo de la prudente, pero no inexistente, preocupación por este tipo de evolución se encuentra en la ejecución del caso *Modinos c. Chipre*, véase la resolución final (2001)152.

de dinero puede dar lugar a peticiones de medidas generales por parte del Comité de Ministros cuando haya amplia información de que el acuerdo revela de hecho un problema estructural de importancia.[39]

Como indica el estudio anterior, la interpretación que el Comité de Ministros hace desde hace tiempo de los requisitos de ejecución está estrechamente vinculada a la prueba utilizada también por el presente Tribunal, a saber, que la ejecución se lleve a cabo de «buena fe» y de forma compatible con las «conclusiones y el espíritu» de la sentencia.[40] La exigencia de «buena fe» es un requisito inherente a toda aplicación de un tratado, tal como se reafirma en la Convención de Viena sobre el Derecho de los Tratados[41] y, por tanto, uno de los requisitos básicos que inspiraron al Comité de Ministros desde el principio: un Estado no puede de buena fe acatar una sentencia sin remediar la situación del demandante o adoptar medidas para modificar las prácticas y/o la legislación de manera que se eviten nuevas violaciones previsibles o la subsistencia de violaciones en curso, o incluso otros problemas relacionados con una violación (por ejemplo, en relación con el ejercicio del derecho de petición individual). En la misma línea, el Comité también insistió inmediatamente en la adopción de medidas provisionales. En la actualidad, el Tribunal suele remitirse al proyecto de artículos de la Comisión de Derecho Internacional sobre la responsabilidad del Estado por hechos internacionalmente ilícitos (ARSIWA) de 2001, que también recoge los mismos principios.

Se puede observar que, en el primer caso climático, el caso *KlimaSeniorinnen,* el Tribunal se adhirió con cautela a su práctica habitual de dejar la ejecución en manos del Comité de Ministros. Sin embargo, es interesante que, al hacerlo, sintiera la necesidad de explicar su planteamiento y de dar a entender que podría intervenir en otros casos (§ 652):

---

39   Véase *Kaysin c. Ucrania,* sentencia de 3 de mayo de 2001, resolución final del Comité de Ministros (2002)3 en la que el Comité consideró que la solución amistosa revelaba un gran problema estructural de no ejecución de las sentencias nacionales y pidió a Ucrania que facilitara información sobre las medidas adoptadas para ayudar a resolver el problema, que resultó ser uno de los mayores y más duraderos de la historia del Convenio.

40   Véase la citada sentencia *Ilgar Mammadov* sobre el artículo 46 § 4, § 149.

41   Véase el preámbulo de la Convención de Viena sobre el Derecho de los Tratados de 1969, así como el artículo 31.

En el presente caso, habida cuenta de la complejidad y de la naturaleza de las cuestiones planteadas, el Tribunal no puede ser detallado ni preceptivo en cuanto a las medidas que deben aplicarse para dar cumplimiento efectivo a la presente sentencia. Dado el margen de apreciación diferenciado que se concede al Estado en este ámbito (véase el apartado 543 *supra*), el Tribunal considera que el Estado demandado, con la asistencia del Comité de Ministros, está mejor situado que el Tribunal para evaluar las medidas concretas que deben adoptarse. Por tanto, debe dejarse al Comité de Ministros la tarea de supervisar, sobre la base de la información proporcionada por el Estado demandado, la adopción de medidas destinadas a garantizar que las autoridades nacionales cumplan los requisitos del Convenio, tal y como se aclara en la presente sentencia.

En el procedimiento de supervisión del Comité de Ministros para identificar los problemas y sus causas profundas hay cierto margen de apreciación, aunque no inmenso. En principio, se trata de establecer un hecho, la existencia de un determinado problema, y esto es principalmente una cuestión de pruebas. Ello no impide, sin embargo, que pueda discutirse el alcance del problema que debe abordarse y, eventualmente, dividirse en subproblemas para abordarlos más fácilmente.

En los primeros casos rusos relacionados con la no ejecución de sentencias nacionales que ordenaban el pago de prestaciones sociales, el grupo *Burdov,* quedó claro desde el principio que el problema subyacente era en aquel momento inmenso y estaba vinculado, sobre todo, a la falta de fondos y a unos procedimientos administrativos deficientes. En vista de ello, se decidió abordar el problema mediante un proyecto piloto de menor envergadura para sentar las bases de unos procedimientos de ejecución nacionales más eficaces. Se eligió a un grupo especialmente meritorio: los trabajadores irradiados de Chernóbil. Se organizaron procedimientos especiales de pago, se mejoraron las normas de indexación para garantizar mejor el valor de attovatios (aW) y se obtuvieron rápidamente resultados que permitieron cerrar el grupo piloto.[42] Esto envió una señal positiva y motivadora de que el problema podía superarse y se pusieron en marcha otras reformas de mucha mayor envergadura.

La elección de medios por parte del Estado es un asunto bastante diferente. Es un terreno muy resbaladizo. Un problema importante es siempre ¿quién debe poner remedio? ¿Debe intervenir el Comité de Ministros?

---

42   Véase la resolución final (2004)85.

La respuesta general ha sido negativa. Muchas infracciones que tienen su origen en la legislación pueden ser resueltas por el poder judicial o incluso por el Gobierno;[43] muchos problemas que tienen su origen en la práctica judicial pueden requerir una acción legislativa, pero es posible que también puedan resolverse mediante una mera acción administrativa,[44] etc. Estas cuestiones de organización interna del Estado es mejor dejarlas en manos de los Estados. Una segunda cuestión se refiere a las herramientas a utilizar. ¿Es suficiente una simple reescritura del mapa judicial para hacer frente a los procedimientos excesivamente largos, o es mejor un refuerzo presupuestario, o eventualmente una limitación del número de instancias?[45] El Comité tiene aquí básicamente el mismo planteamiento y, al menos al principio de la supervisión, respetará las opciones elegidas por las autoridades nacionales. Solo en el caso de que los medios elegidos se revelen ineficaces, el Comité empezará a ocuparse también de la cuestión de los medios y de lo que podría hacerse para ayudar a encontrar otros más eficaces. Esto se hace a menudo mediante la organización de actos de intercambio de experiencias con otros países con problemas similares.[46] A veces, los Estados favorecen este tipo de ayuda ya desde el principio.

Prioridades. Dos vías de supervisión, reforzada y ordinaria

En 2010, como parte de los esfuerzos para revitalizar el sistema del Convenio comprometidos en la Conferencia de Interlaken organizada

---

43   Véase, por ejemplo, el asunto *A. P., M. P. y T. P. c. Suiza,* en el que la legislación fiscal impugnada quedó obsoleta por decisiones judiciales, sin ser revocada, y la situación resultante fue aceptada por las autoridades fiscales, que adoptaron nuevas prácticas conformes con el Convenio —véase la resolución final (2005)4—.

44   Véase, por ejemplo, el asunto *Moreno Carmona c. España,* en el que se detectaron problemas en cuanto a la equidad y la duración de los procedimientos, se introdujeron modificaciones en la Ley Orgánica del Poder Judicial, la Ley de Enjuiciamiento Civil y la Ley de Enjuiciamiento Criminal en 2015 para flexibilizar y facilitar la organización judicial —resolución final (2018)35—.

45   Todas estas cuestiones se plantearon en el contexto de la supervisión durante una década de la ejecución de los diferentes grupos de casos que demuestran problemas masivos de procedimientos judiciales excesivamente largos en Italia.

46   Véase, por ejemplo, la conferencia de alto nivel sobre la erradicación de la impunidad policial, organizada entre los Estados balcánicos en Bečići (Montenegro) en octubre de 2019 (información en el sitio web del Departamento de Ejecución).

bajo la presidencia suiza del Comité de Ministros, el Comité modificó sus métodos de trabajo poniendo en marcha un nuevo sistema de priorización para aislar mejor los casos importantes que requieren una supervisión más reforzada.[47]

El sistema se basaba en la antigua diferenciación entre asuntos importantes, es decir, asuntos que requerían medidas generales, y asuntos repetitivos que se limitaban a repetir infracciones ya establecidas. Sin embargo, los casos destacados de importancia, es decir, las sentencias piloto y otros casos que requieren medidas generales importantes, así como los casos interestatales, debían someterse, por decisión especial del Comité, a la nueva vía de supervisión reforzada. La decisión se tomaba sobre la base de propuestas, normalmente del Departamento de Ejecución, tras un debate en profundidad con los Estados afectados y teniendo en cuenta toda la información disponible sobre la situación.

Cabe mencionar que también los casos que requerían medidas individuales urgentes debían someterse a una supervisión reforzada.

Todos los demás casos se sometieron a lo que se denomina *supervisión estándar*. Bajo esta vía de supervisión, casi todas las comunicaciones, evaluaciones y recomendaciones en cuanto al seguimiento adecuado del proceso de ejecución se trataban de forma bilateral, es decir, en conversaciones entre los representantes del Gobierno y el Departamento de Ejecución. En caso de desacuerdo, los métodos de trabajo preveían que el asunto fuera llevado (normalmente por el Departamento, pero posiblemente también por el Estado en cuestión o algún otro Estado) ante el Comité para resolver el problema.

Un procedimiento público e inclusivo

El procedimiento ante el Comité fue confidencial hasta el año 2000, cuando se decidió que, en principio, el procedimiento y los documentos

---

47   En el documento GR-H(2016)2-final de 30/32016 figura una descripción de estos métodos de trabajo, con sus modificaciones posteriores. La lista completa de los documentos procesales pertinentes se encuentra en el sitio web del Departamento de Ejecución de Sentencias.

elaborados debían ser públicos. El procedimiento se abrió entonces, en 2006, para permitir la participación de ONG e INDH a través de observaciones escritas. Otras mejoras llegaron en 2010, con un acceso más rápido, casi en tiempo real, a la información, y en 2017 y 2022, con el reconocimiento formal también del derecho a participar del Comisario de Derechos Humanos del Consejo de Europa y de las organizaciones intergubernamentales internacionales y sus órganos (por ejemplo, ACNUR) y, en 2022, también de los colegios de abogados. Paralelamente, el Comité siempre ha tenido competencia para invitar a cualquier persona / organización u organismo que haya considerado que podía serle de ayuda. En consecuencia, el Comité para las Personas Desaparecidas en Chipre y la Comisión de Venecia, por ejemplo, han sido invitados a exponer ante el Comité sus puntos de vista sobre cuestiones de ejecución pertinentes.

Numerosas organizaciones / asociaciones climáticas existentes entran en las categorías claramente autorizadas a presentar observaciones por escrito. Además de dichas observaciones, también podría incluirse información de expertos, por ejemplo, del IPCC o de su secretaría, bien por invitación directa del Comité, bien tras haber sido recabada por alguno de los autorizados a presentar observaciones al Comité.

Cabe añadir que, evidentemente, el demandante también puede intervenir, especialmente para proteger su derecho a una reparación íntegra.

En conjunto, estos cambios han permitido que el procedimiento de supervisión del Comité esté muy al día de la evolución posterior a la sentencia y bien informado también sobre otras cuestiones importantes, ya sea el alcance probable de los problemas, sus causas profundas o los distintos medios disponibles para remediarlos.

Intervenciones del Comité: fondo y forma

El procedimiento de supervisión del Comité interviene / interactúa de numerosas maneras con el procedimiento de ejecución nacional.[48]

---

48   La presentación del procedimiento que haré aquí es esquemática.

Por razones evidentes, el Comité trata de intervenir sobre la base del consenso. No obstante, en caso necesario, puede recurrirse a la votación para establecer la posición autorizada del Comité. Para la mayoría de las cuestiones, se trata de una mayoría simple de los que tienen derecho a formar parte del Comité, es decir, los Estados miembros, y de 2/3 de los que votan.[49] Una primera decisión es establecer la vía de supervisión, reforzada o estándar, y también la clasificación de los casos, principales, repetitivos o aislados.[50] En este contexto, y en función de numerosas circunstancias, el Comité también tomará nota formal de los planes de acción y de los informes de actuación presentados.

Una vez establecidas las bases, el Comité seguirá la aplicación de los planes de acción, tanto en lo que se refiere a las medidas destinadas a garantizar la plena reparación a los solicitantes individuales como a las medidas destinadas a remediar problemas más generales.

Como ya se ha indicado, solo en los casos bajo supervisión reforzada intervendrá a partir de entonces en forma de evaluaciones, observaciones positivas y negativas sobre los avances, la conveniencia de la asistencia de expertos o de actividades de cooperación de apoyo y recomendaciones sobre nuevas medidas. Si los progresos son rápidos y no plantean problemas, incluso un caso bajo supervisión reforzada puede no llegar a presentarse ante el Comité hasta que se presente el informe de acción que indique que se ha hecho todo lo necesario.

Se puede observar que cuando el Comité interviene siempre es después de que el caso se haya incluido en el orden del día y todos los Estados y todos los que tienen derecho a presentar observaciones hayan tenido la oportunidad de hacerlo. Las intervenciones suelen adoptar la forma de una decisión, pero cuando la intervención es de mayor interés general puede adoptar la forma de una resolución provisional.

---

49   Hay dos cuestiones que requieren una mayoría más alta: la incoación de procedimientos de interpretación y de procedimientos de infracción en virtud, respectivamente, del artículo 46 § 3 y § 4.

50   En el curso de la supervisión, los casos aislados suelen subsumirse en el grupo de casos principales, aceptándose el carácter aislado solo después de que haya transcurrido algún tiempo que confirme esta naturaleza del problema, que entonces se actúa en primer lugar en la resolución final.

Cabe señalar que, en general, el Comité seguirá los casos no solo hasta que se hayan adoptado medidas, sino hasta que también haya pruebas (estadísticas, ejemplos u otros indicios) de que son eficaces.

El mismo tipo de evaluaciones, observaciones positivas o críticas, etc., se proporcionarán también en los casos bajo supervisión estándar, pero aquí el Comité ha delegado el diálogo para que tenga lugar entre el Departamento de Ejecución de Sentencias y los agentes / coordinadores nacionales directamente. Como ya ha sido señalado, el caso solo se «activará» si hay desacuerdo entre ambos. Evidentemente, las personas facultadas para formular observaciones pueden presentar observaciones pertinentes también en lo que respecta a la ejecución de los asuntos bajo esta vía de supervisión tan pronto como consideren que ha intervenido algo de interés o que, por distintas razones, el asunto debe «activarse».

Una vez que el Estado considere que ha tomado todas las medidas necesarias, presentará un informe de actuación en el que proporcionará información detallada sobre lo que se ha hecho y por qué el Estado considera que lo que se ha hecho también ha proporcionado efectivamente una reparación plena al solicitante y ha evitado debidamente nuevas violaciones y ha puesto fin a las que están en curso. Cabe mencionar que el Comité ha recomendado que los Estados demandados examinen siempre la eficacia de los recursos internos, independientemente de que el Tribunal haya constatado o no una violación del artículo 13 —véase la Recomendación (2004)6 sobre la mejora de la eficacia de los recursos—.

El informe de actuación, tanto para los casos bajo supervisión reforzada como estándar, se presentará para su aceptación formal por el Comité en una de sus reuniones. De nuevo, todos los que tengan derecho a formular observaciones podrán presentar sus posiciones y ello, muy prudentemente, tan pronto como se reciba y haga público el informe de actuación.

Qué se hace en caso de retraso, negligencia o negativa

En la introducción he recordado la importancia fundamental que reviste el Convenio para Europa y la razón de hacerlo ha sido, en gran medida, las negativas reacciones suizas a la sentencia *KlimaSeniorinnen*.

Estos casos de reacciones negativas siempre han estado presentes, aunque raramente, en respuesta a ciertas sentencias delicadas del Tribunal. De hecho, estas reacciones tampoco son extrañas ante las sentencias del Tribunal de Justicia de la Unión Europea (TJUE) como ha puesto de relieve un reciente informe elaborado por Democracy Reporting International (DRI) y la Red Europea de Aplicación (EIN).[51] Las medidas correctoras también presentan similitudes considerables.

El proceso en el Consejo de Europa pasa por discusiones en el Comité (que a veces incluyen discusiones directas con los ministros competentes invitados del Estado demandado[52]), conversaciones de alto nivel a nivel nacional o en otros foros o acciones combinadas con, por ejemplo, la UE[53] o la ONU[54] o iniciativas diplomáticas especiales bi- o multilaterales[55] o

---

51 *Justicia retrasada y justicia denegada: el incumplimiento de las sentencias de los tribunales europeos y el Estado de derecho*, edición 2024, elaborado por Democracy Reporting International (DRI) y la Red Europea de Aplicación (EIN). «Conclusión general: […] el incumplimiento y los retrasos prolongados suelen ir acompañados de una impugnación abierta de las decisiones por parte de las autoridades políticas y, en ocasiones, de los más altos tribunales nacionales, lo que socava la autoridad y la eficacia potencial de estas instituciones supranacionales […]. Algunos países tienen problemas constantes de cumplimiento en ambos tribunales […]. Al mismo tiempo, la evolución positiva en determinados Estados demuestra que es posible mejorar rápidamente el historial de aplicación de un país si existe la voluntad y el compromiso políticos necesarios».

52 Véase, por ejemplo, la presentación de los presidentes de las reuniones del Comité de Ministros dedicadas a los derechos humanos (reuniones DH) en el *Informe anual* de 2017 del Comité en cuanto a su supervisión de la ejecución de las sentencias del Tribunal, p. 21.

53 Véase, por ejemplo, la decisión del Comité en el asunto *Sejdic y Finci c. Bosnia y Herzegovina* en la reunión de los Ministros 1428.ª de 8-9 de marzo de 2022 o la Resolución provisional del Comité (2004)14 en el asunto *Sovtransavto Holding c. Ucrania*.

54 Véase, por ejemplo, la decisión del Comité en el caso del grupo *Taganrog LRO y otros c. Federación de Rusia* en la reunión de los Ministros 1475.ª de septiembre de 2023 y la decisión en el caso del grupo *Kebe y otros c. Ucrania* en la reunión de los Ministros 1419.ª (30 de noviembre – 2 de diciembre de 2021), especialmente teniendo en cuenta que el ACNUR puede dirigirse directamente al Comité con hechos, comentarios y observaciones y, en realidad, lo ha realizado en numerosas ocasiones.

55 Véase, por ejemplo, una ambiciosa pero a corto plazo infructuosa iniciativa de 10 Estados para presionar al presidente Erdogan de Turquía para que libere al demandante en el caso *Kavala* (sentencia del Tribunal de 10 de diciembre de 2019) en el contexto de la apertura de los denominados procedimientos de infracción en virtud del artículo 46 § 4 contra Turquía debido a la detención continuada de Kavala en violación del Convenio —véase el informe de EuroNews en Internet el 24 de octubre de 2021, 9h 21— sentencia

actividades y programas de cooperación (a veces de gran alcance).[56] El éxito final de la mayoría de estos esfuerzos no impide que el proceso conducente a la solución haya sido en ocasiones duro[57] incluso acompañado de recordatorios de que el respeto de las sentencias del Tribunal es una condición para ser miembro del Consejo de Europa[58] (y de rebote

---

de infracción de 11 de julio de 2022—. Entre los ejemplos más positivos figura el caso *Baralija c. Bosnia y Herzegovina* en el que los diferentes contactos tomados en Bosnia y Herzegovina tanto por el Departamento para la Ejecución de las Sentencias del Tribunal; el Congreso de Autoridades Locales y Regionales y la Comisión de Venecia condujeron a una rápida (menos de un año) solución de un complejo y antiguo problema relacionado con la organización de las elecciones locales —las contribuciones incluyeron especialmente el proyecto «construcción de la participación democrática en la ciudad de Mostar» organizado por el Congreso—.

56   Entre los principales ejemplos figuran *Stran Greek Refineries c. Grecia,* véase la resolución provisional (1996)251 con una solución para el pago de la justa satisfacción anclada en la resolución final (1997)184; *Loizidou c. Turquía,* véanse las resoluciones provisionales (1999)680, (2000)105, (2001)80, (2003)174 y, finalmente, resuelta con el pago de la justa satisfacción como se señala en las resoluciones (2003)191 y 192; e *Ilgar Mammadov c. Azerbaiyán* véase la resolución (2003)191. Hoy destacan dos situaciones: *Navalnyy* y *Kavala.* La de *Navalny* es una triste historia, ya que la liberación ordenada ya por el Comité de Ministros desde la 1406.ª reunión de los Delegados de Ministros en junio de 2021 —véase para más peticiones de liberación la resolución provisional CM/ResDH(2024)49—, se ha vuelto inútil en vista de la muerte de Navalnyy en prisión el año pasado. La liberación de Kavala sigue siendo una cuestión abierta, aunque hasta ahora se haya ejercido en vano una considerable presión política y diplomática sobre el Gobierno turco para que garantice la liberación del demandante (cf. nota anterior).

57   Desde fuera puede resultar difícil distinguir entre problemas graves debidos a negativas y problemas graves debidos a disensiones internas sobre cómo ejecutar. Un ejemplo típico es el de *Sejdic y Finci c. Bosnia y Herzegovina;* véase, por ejemplo, la descripción del caso en HUDOC EXEC (consulta: 31 de enero de 2025). Un tercer grupo de problemas graves descritos con cierto detalle en la presente exposición se refiere a problemas técnicos o administrativos de tal envergadura que el Estado simplemente no ha podido alcanzar resultados significativos con sus propios recursos. Todas estas situaciones pueden parecer similares desde el exterior: ningún progreso durante largos periodos de tiempo a pesar de los insistentes llamamientos del Comité e incluso del Tribunal.

58   Véase, por ejemplo, la Resolución provisional ResDH(2001)80, de 26 de junio de 2001, en el asunto *Loizidou c. Turquía,* o la Resolución provisional ResDH(2006)26, de 10 de mayo de 2006, en el asunto *Ilascu c. Federación de Rusia y República de Moldova.* En aquel momento, es decir, antes del Protocolo n.º 14 y de su entrada en vigor en junio de 2010, la competencia para constatar el incumplimiento de la obligación de acatar la sentencia del Tribunal recaía enteramente en el Comité de Ministros, véase por ejemplo también en lo que respecta a la constatación del incumplimiento de la Resolución provisional ResDH(2010)33 en el caso *Xenides-Arestis c. Turquía.* Tras el Protocolo n.º 14, el Comité puede elegir entre intentar utilizar, como paso previo a la imposición de

cabe suponer que también de la Unión Europea). Un apoyo importante a los esfuerzos por encontrar una solución es inherente al procedimiento de infracción establecido en el artículo 46 § 4, en virtud del cual el Comité de Ministros puede anclar con el Tribunal su conclusión de que un Estado se niega a acatar antes de comprometerse a aplicar sanciones políticas severas, con la exclusión del Estado de la organización como última instancia.[59]

De hecho, incluso los Estados inicialmente recalcitrantes han tenido dificultades para negarse a adoptar medidas generales cuando el procedimiento ante el Comité, a veces reforzado por sentencias adicionales del Tribunal, ha establecido de forma convincente la necesidad de tales medidas, ya sea sobre la base del número de sentencias individualizadas, de la información procedente de fuentes externas autorizadas o de las indicaciones y/u órdenes del Tribunal.[60] Los casos de resistencia importante y la actuación decidida del Comité de Ministros para lograr su cumplimiento

---

sanciones políticas realmente graves, la presión adicional que puede suponer la autoridad y la publicidad que podría conllevar la confirmación por el Tribunal de las conclusiones del Comité a través de un procedimiento de infracción o, especialmente, si la violación es totalmente obvia y se considera mejor una presión política interestatal rápida, seguir la «vieja» vía aún abierta que demostró su eficacia en los casos recién citados.

59   Este procedimiento dio resultados en el caso *Ilgar Mammadov c. Azerbaiyán*, véase la resolución final ResDH(2020)178, posiblemente sobre todo porque ofreció la oportunidad de resolver de forma autorizada una diferencia de posición entre Azerbaiyán y el resto del Comité en cuanto a las consecuencias que debían extraerse de la sentencia del Tribunal en el origen del procedimiento de infracción, sentencia de 22 de mayo de 2014. Recientemente se ha vuelto a poner a prueba en un caso *Kavala c. Türkiye* (nombre oficial de Turquía desde el 2 de junio de 2022). Aquí los resultados positivos del procedimiento han estado ausentes hasta ahora —véase, por ejemplo, la resolución provisional ResDH(2022)21 anunciando el inicio del procedimiento de infracción y la sentencia de infracción del Tribunal de 11 de julio de 2022 confirmando la denegación a pesar de la insistencia de Türkiye y la última decisión del Comité de Ministros adoptada por los Diputados de los Ministros en su 1514.ª reunión (3-5 de diciembre de 2024) (DH)—.

60   Rusia se resistió, por ejemplo, durante bastante tiempo a la idea de que su regulación de la libertad de reunión presentaba algún problema importante, a pesar de que se acumulaban una serie de casos con diferentes violaciones aisladas. La cuestión se resolvió mediante una sentencia firme del Tribunal, que se basaba en las sentencias anteriores y demostraba de forma clara y autorizada las principales deficiencias de la normativa (véase el caso *Lashmankin*, sentencia de 29 de mayo de 2017 y las notas sobre el caso HUDOC EXEC).

han estado casi exclusivamente relacionados con la necesidad de adoptar medidas individuales para borrar las consecuencias de las violaciones para los solicitantes «sensibles».[61] Dicho esto, en algunos casos ambos aspectos están seriamente entrelazados, como en varios casos relativos al registro de asociaciones culturales o religiosas.[62]

Reflexiones sobre el requisito de tener estatuto de víctima y el argumento de la *actio popularis*

¿Es la lógica de la *actio popularis* realmente ajena al sistema del Convenio?

Al examinar el problema de la víctima en el contexto climático, el Tribunal no se sintió inspirado para seguir la línea que había desarrollado frente a otras amenazas difusas, sobre todo en materia de vigilancia secreta. Aquí el umbral para ser víctima se ha fijado muy bajo. De hecho, casi toda la población de un país podía ser considerada víctima o víctima potencial, al menos si no se ponía a su disposición ningún recurso, como de hecho ocurre en muchos Estados; bastaba con utilizar un teléfono o un ordenador, o incluso con ser un usuario potencial de estos medios de comunicación.[63] En el contexto de la vigilancia secreta, el Tribunal había aceptado así en ciertas situaciones, a pesar de su defensa de la prohibición básica de la *actio popularis,* que los individuos tuvieran derecho a impugnar una ley *in abstracto.*[64]

La sentencia no examinó realmente la posible extensión de este tipo de desafío también a las amenazas climáticas difusas, sino que lo comparó

---

61 La negativa a pagar la justa satisfacción concedida a la empresa demandante en el caso Yukos contra Rusia no impidió, por ejemplo, que la legislación y la práctica se modificaran mucho antes para evitar nuevas violaciones similares —véase el plan de acción presentado en 2013, DH-DD(2013)565—.

62 Véase, por ejemplo, *Bekir Ousta c. Grecia,* véanse las notas sobre el caso HUDOC EXEC (visitado el 31 de enero de 2025) o *Umo Ilinden y otros,* véase la decisión de los Delegados de los Ministros en la 1507.ª reunión, 17-19 de septiembre de 2024.

63 Véase, por ejemplo, *Centrum för Rättvisa c. Suecia,* sentencia Gran Sala, de 25 de mayo de 2021, en particular § 167-170.

64 Véase, por ejemplo, *Centrum för Rättvisa,* citado anteriormente, § 150, 154 y 177.

con las amenazas frecuentemente más individualizadas y concretas que suelen plantear los casos medioambientales.[65]

Otra razón para no exagerar el argumento de la *actio popularis* está relacionada con el proceso de ejecución. La necesidad de medidas generales, incluida la provisión de recursos efectivos a todos los que se encuentren en situaciones similares a la del demandante, garantiza evidentemente, aunque sea a través del procedimiento de supervisión del Comité de Ministros, que una denuncia puede, si se gana, beneficiar a todas las víctimas para que estas reciban reparación y también conducir a la abolición de la ley o práctica en el origen de la violación o al fin de posibles inacciones subyacentes. El resultado final de un procedimiento de Estrasburgo es, pues, muy parecido al que se habría obtenido mediante una *actio popularis*.

¿Existen precedentes de soluciones innovadoras ante el riesgo de casos masivos?

Dicho esto, la solución de conceder a todas las personas, incluso posible o ligeramente afectadas, la condición de víctimas, evidentemente, planteaba la posibilidad de una avalancha de casos repetitivos, una perspectiva imposible para un Tribunal muy sobrecargado con un presupuesto muy pequeño y ajustado en comparación con su misión.

Desde luego, no se trata de un problema nuevo en el marco del Convenio. No han faltado los grandes problemas sistémicos que afectan a muchos miles o cientos de miles, es decir, millones de personas y de tal envergadura que remediarlos ha sido cuestión de décadas, no de meses o años. Tampoco han faltado los problemas ulteriores en cuanto a la adopción de medidas individuales útiles para los solicitantes o que garanticen recursos efectivos para otros afectados. A continuación se exponen de forma esquemática algunos ejemplos de las soluciones «no tradicionales» a las que se ha recurrido para gestionar los majestuosos problemas planteados.

---

65   Sin embargo, pueden plantearse problemas similares también en el contexto del medio ambiente; véase, por ejemplo, *Locascia y otros c. Italia*, sentencia de 19 de octubre de 2023.

Un primer ejemplo de esta situación es el problema de la excesiva duración de los procedimientos judiciales en Italia, un problema que ya se puso de manifiesto en los primeros casos de los años ochenta y que afectaba a casi todos los que buscaban justicia y que, con el tiempo, dio lugar a casi 15 000 denuncias ante Estrasburgo y a muchas más ante el recurso interno establecido en 2000. Aquí la Comisión exploró primero la vía de aumentar la satisfacción justa para presionar al Gobierno, pero cuando no dio resultado, más bien disminuyó la satisfacción justa para no incitar quejas. La carga fue asumida por el recurso de 2000 combinado con un acuerdo con el Consejo Nacional de la Magistratura para que este remitiera todas las constataciones de violaciones a los tribunales responsables con la indicación de que, en la medida de lo posible, se aceleraran los procedimientos pendientes (ni los recursos italianos ni los de Estrasburgo podían controlar efectivamente que se mantuviera este compromiso). Sin embargo, tras diez años de funcionamiento sin grandes avances en la solución del problema de fondo, el Tribunal de Cuentas italiano dijo no al recurso económico tal y como estaba; Italia había gastado 500 millones de euros en pagar indemnizaciones a las víctimas y no se veía el final. Esas sumas deberían invertirse en la modernización del poder judicial, no en pagar indemnizaciones a las víctimas. Con el tiempo, esto condujo a una nueva oleada de reformas, y esta vez con mejores resultados, pero gracias a una estrategia no conforme con el Convenio.

Otro problema similar fue el de las condiciones de detención inhumanas en Rusia, revelado por dos casos individuales en 2002/2003, *Kalashnikov* y *Timofeyev*. Ciertamente, Rusia reaccionó con realismo, al igual que el Comité de Ministros, ante la magnitud del problema, que afectaba hasta a un millón de personas detenidas. El Gobierno presentó rápidamente un ambicioso plan de acción para los centros de detención preventiva y, posteriormente, a medida que otros casos ponían de manifiesto también las condiciones de las prisiones en general, un plan de acción global de quince a veinte años que implicaba inversiones masivas para renovar las antiguas prisiones, construir otras nuevas, revisar la política penal tanto en lo que respecta a la detención preventiva como a las penas de prisión y formar al personal penitenciario. Sin embargo, no es posible comprometerse con medidas individuales, ya que apenas existen centros de detención aceptables y conformes a las normas europeas a los que se pueda trasladar a las víctimas, y la idea de un recurso efectivo para cerca de un millón de detenidos es totalmente irreal, incluso si se trata de una obligación del Convenio. La cuestión de un recurso no fue planteada por el Tribunal hasta unos cinco años más tarde, en 2007, y se incluyó como parte de los requisitos de ejecución en las resoluciones y decisiones del grupo de los casos *Kalashnikov* y *Timofeyev* a partir de 2008-2009. La idea de un recurso fue planteada posteriormente por el Tribunal como parte de los requisitos de ejecución. Posteriormente, la idea de un recurso también fue respaldada por el Tribunal en 2012 en la sentencia piloto *Ananyev,* tras la cual también se abordaron regularmente cuestiones relativas a medidas individuales. De nuevo una solución pragmática, en principio no convencional, dictada por las realidades de la situación.

Un tercer ejemplo del mismo tipo de enfoque pragmático es el enorme problema de la no ejecución de las sentencias contra el Estado o las empresas estatales en Ucrania. Las finanzas ucranianas no eran capaces de hacer frente a este problema debido a una economía débil y muy apalancada (en contraste con Rusia, donde los importantes aumentos de los ingresos del Estado, sobre todo como resultado del aumento de los precios del gas y del petróleo, a partir de finales de 1990, permitieron al país resolver su propio problema similar). Los casos repetitivos se acumulaban ante el Tribunal en grandes cantidades. Una política conjunta de declaraciones unilaterales, con 500 decididas al mes, acabó por no disminuir el número de denuncias. En un movimiento sin precedentes, el Tribunal decidió en el caso *Burmych* enviar, sujeto a considerables críticas, un gran número de solicitudes pendientes y todas las solicitudes posteriores al Comité de Ministros, dejando en manos del Comité la tarea de garantizar que se tramitaran mediante recursos internos efectivos —un movimiento que en realidad no fue seguido de un gran éxito a pesar de las intensas negociaciones con el Gobierno, incluidos los contactos con organizaciones financieras internacionales—. Un final infeliz, ya que muchos solicitantes, por primera vez en la historia del Convenio, nunca obtuvieron una decisión o reparación a pesar de haber presentado solicitudes válidas y, a primera vista, bien fundadas.

Confío en que estos ejemplos hayan demostrado que el sistema del Convenio se ha enfrentado no pocas veces a violaciones complejas con consecuencias masivas, de modo que ha sido necesario buscar soluciones pragmáticas, no siempre fáciles de integrar en los requisitos existentes del Convenio, para poder abordar eficazmente los problemas de fondo. Desde muchos puntos de vista, la solución del caso *KlimaSeniorinnen* no parece desviarse de esta tendencia. De hecho, parece más bien una solución bien argumentada y eficaz, sobre todo porque las posibles víctimas en el sentido más tradicional parecen conservar plenos derechos al menos a una indemnización.

Conclusiones

Los asuntos climáticos han pasado a formar parte del sistema del Convenio, un sistema cuya gran importancia para Europa ha sido recientemente confirmada al más alto nivel. A lo largo de los años, el sistema también ha demostrado su eficacia y, a largo plazo, ningún Estado, salvo Rusia (y posiblemente en su momento Grecia), se ha negado a acatar una sentencia del Tribunal, aunque en ocasiones la aplicación de reformas complejas haya llevado largos periodos de tiempo y algunos procesos de ejecución sigan en punto muerto, pero no por rechazo a las sentencias del Tribunal, sino por incapacidad para desarrollar una respuesta nacional con el apoyo suficiente para ser adoptada.

Gran parte de este éxito descansa evidentemente en la calidad de la jurisprudencia del Tribunal. Pero mucho ha descansado también en la eficacia del Comité de Ministros supervisión de la ejecución de las sentencias del Tribunal y en lo que algunos, como yo mismo, hemos llamado la *sabiduría del Comité de Ministros,* es decir, la capacidad de diálogo paciente, de asegurar la disponibilidad de apoyo relevante a través de programas de cooperación de diferente envergadura y de asistencia por parte de diferentes organismos expertos, incluyendo el Departamento para la Ejecución de las Sentencias del Tribunal, y otros organismos como la Comisión de Venecia, el CPT, la CEPEJ, GRETA, GRECO, etc.

Los casos climáticos tienen, sin embargo, una particularidad importante que pone en tela de juicio un elemento básico del actual «acervo» de ejecución: la paciencia. Los casos climáticos requieren acciones urgentes y una ejecución rápida, el tiempo que queda hasta 2030, incluso hasta 2050, es corto, muy corto sobre todo en comparación con la magnitud de los retos. Los casos climáticos subrayan paralelamente otra debilidad del sistema actual con respecto a las cuestiones climáticas: la necesidad de acceder fácilmente a los conocimientos especializados pertinentes. Mientras que en muchos otros ámbitos relacionados con el Convenio existe una considerable experiencia interna, en el ámbito del medio ambiente sigue siendo escasa, aunque esté en construcción, y casi nula en el ámbito del cambio climático. Así pues, parece urgente desarrollar vínculos con organismos reconocidos, como, por ejemplo, el IPCC y ONG expertas para permitir un diálogo de calidad sobre cuestiones climáticas ante el Comité. Este diálogo debería simplificarse gracias a la apertura y el carácter integrador del procedimiento de supervisión, pero la complejidad de las cuestiones puede requerir disposiciones nuevas y más estructuradas.

La importancia del proceso de ejecución en los casos climáticos se pone de relieve también por la necesidad de reforzar las respuestas del Consejo de Europa al cambio climático, especialmente en el contexto de la propuesta de elaborar un protocolo adicional al Convenio que versaría sobre el derecho a un medio ambiente sano.[66] Una idea muy interesante, pero con una gran carencia en materia climática: un tratado (convenio, protocolo) es un proyecto que, en el mejor de los casos, parece durar una década, con algunos años más antes de que existan casos relevantes y empiecen a cambiar las cosas.

Pero los problemas climáticos están aquí y ahora, y entre las herramientas más inmediatas para ayudar a afrontarlos figuran sin duda las denuncias ante el Tribunal en virtud de la nueva jurisprudencia que acaba de desarrollarse (además de los programas de cooperación y las recomendaciones del Comité de Ministros). El majestuoso caso *KlimaSeniorinnen* «solo» tardó unos tres años y medio en resolverse. Si se explota adecuadamente, la ejecución contundente y rápida del caso *KlimaSeniorinnen*[67] puede traer consigo muchos avances rápidos, especialmente si el aspecto *erga omnes* del Convenio se explota paralelamente en mayor medida. Es probable que aumente la inversión judicial nacional en los litigios climáticos en curso basados en el Convenio, especialmente si abarca la rápida recepción de la legitimidad revisada de las asociaciones para presentar

---

66 Véase un resumen de las posiciones existentes e ideas para el futuro en «A World of Difference: Overcoming Normative Limits of the ECHR Framework through a Legally Binding Recognition of the Human Right to a Healthy Environment», de Natalia Kobylarz, en *Journal of Environmental Law,* publicado el 15 de enero de 2025.
67 En principio, nada nuevo, pues el Comité de Ministros ya recomendó a los Estados que desarrollaran la capacidad nacional para la ejecución efectiva y rápida de las sentencias del Tribunal (véase la Recomendación (2008)2).

denuncias ante las autoridades nacionales. Esta evolución garantizaría mejor la subsidiariedad del sistema del Convenio,[68] mejoraría el intercambio de experiencias entre los Estados miembros y reforzaría al menos el apoyo europeo a los esfuerzos de la ONU para luchar contra el cambio climático y el calentamiento global.

---

68   Como subrayó el Tribunal de Justicia en el apartado 65 de la sentencia *Martins Castro y Alves Correia de Castro*, antes citada.

3.
EL TRABAJO INTERGUBERNAMENTAL EN EL CONSEJO DE EUROPA EN CUESTIONES MEDIOAMBIENTALES Y CLIMÁTICAS

Alfonso de Salas Murillo[1]

Ya es casi un lugar común afirmar que la humanidad se está enfrentando a un reto sin precedentes en forma de degradación medioambiental y de triple crisis mundial (cambio climático, pérdida de la biodiversidad, contaminación). Sus consecuencias en términos de derechos humanos son aún más graves para quienes ya se encuentran en situación vulnerable, por no hablar de los efectos sobre las generaciones más jóvenes y futuras. No es casualidad que la crisis climática haya sido descrita como «la mayor amenaza para los derechos humanos» por el antiguo Alto Comisionado de las Naciones Unidas para los Derechos Humanos.

En este contexto preocupante, la posibilidad de desarrollar un instrumento jurídico europeo que pueda contribuir a la lucha contra el cambio climático ha sido seleccionada por los organizadores de este Coloquio como uno de los temas a tratar. Y no sin razón, ya que existe un nexo directo entre las recientes sentencias del Tribunal Europeo de Derechos Humanos sobre el cambio climático y las negociaciones que llevan a cabo los

---

1 Doctor en Derecho Internacional por la Universidad de París 2 *Panthéon-Assas*. Anteriormente ocupó diversos cargos en el Consejo de Europa relacionados con el funcionamiento del sistema del Convenio Europeo de Derechos Humanos; en particular, fue jefe de la División de la Cooperación Intergubernamental en el área de los derechos humanos y secretario ejecutivo del Comité Director para los Derechos Humanos (CCH).

Gobiernos de los 46 Estados miembros del Consejo de Europa[2] en vistas de un posible instrumento jurídico europeo. De ahora en adelante, toda acción normativa en este campo deberá tener en cuenta los mensajes lanzados por la jurisprudencia de Estrasburgo en materia de cambio climático.[3]

Ya existe un amplio marco normativo internacional para la protección del medio ambiente, que produce efectos jurídicos tanto en el derecho nacional como en el internacional.[4] Es importante recordar que el Derecho internacional de los derechos humanos y el Derecho internacional del medio ambiente se han desarrollado en estrecha interacción, al tiempo que han dado lugar a dos regímenes distintos:

— El Derecho internacional del medio ambiente se ocupa principalmente de abordar los impactos negativos sobre el medio ambiente, con el objetivo de protegerlo y conservarlo, mientras que el Derecho internacional de los derechos humanos se ocupa principalmente de la protección de los derechos humanos. Aunque se trata de dos ramas distintas del derecho internacional, se reconoce que se complementan en determinadas cuestiones y se esfuerzan por armonizar sus exigencias a los Estados.

— Sin embargo, mientras que el Derecho internacional del medio ambiente establece normas que los Estados deben cumplir en relación

---

2   El Consejo de Europa, fundado en 1949 y con sede en Estrasburgo (Francia), es la organización paneuropea encargada de velar por la protección y el desarrollo de los derechos humanos, el Estado de derecho y la democracia en sus 46 Estados miembros.

3   Así, por ejemplo, la sentencia *KlimaSeniorinnen c. Suiza* es ahora insoslayable a la hora de tratar materias como la condición de víctima, la legitimación de las asociaciones, las cuestiones de prueba o las obligaciones de los Estados en virtud del artículo 8 en el contexto de los efectos adversos del cambio climático. Por otra parte, esta sentencia confirma la simbiosis existente entre las normas del Consejo de Europa y las de las Naciones Unidas en materia de derechos humanos, lo que no es de extrañar, porque el Convenio europeo no es ni más ni menos que la garantía colectiva, a escala europea, de algunos de los derechos contenidos en la Declaración Universal.

4   Las cuestiones de derechos humanos y medio ambiente también han sido abordadas por los órganos de los tratados que supervisan el cumplimiento por parte de los Estados Parte de los principales tratados de derechos humanos de la ONU, como el Pacto Internacional de Derechos Civiles y Políticos (PIDCP), el Pacto Internacional de Derechos Económicos, Sociales y Culturales (PIDESC) y la Convención sobre los Derechos del Niño (CDN). Pero hay que señalar que, a diferencia del Tribunal Europeo de Derechos Humanos, estos órganos de tratados no adoptan decisiones jurídicamente vinculantes.

con el entorno natural, el Derecho internacional de los derechos humanos no garantiza directamente la protección del medio ambiente; solo lo hace indirectamente, a través de la aplicación del efecto medioambiental, o incluso climático, de determinados derechos humanos.

— En el estado actual de la legislación, algunos instrumentos del Derecho internacional del medio ambiente conceden a los individuos o grupos, de forma limitada y bastante indirecta, derechos que pueden invocarse ante los tribunales nacionales o los mecanismos internacionales de control. La legislación internacional sobre derechos humanos, en cambio, concede estos derechos de forma mucho más general.

La acción normativa para luchar contra el cambio climático figura en buen lugar en el programa de actividades intergubernamentales del Consejo de Europa para 2024-2027. Dado que Europa es uno de los principales contaminadores y, al mismo tiempo, una de las principales víctimas del cambio climático,[5] es natural que también sea uno de los principales actores de la cooperación jurídica en este ámbito, tanto internamente[6] como en sus relaciones con otros continentes, ya que, frente al cambio climático, la única salida posible es la cooperación universal. Y no se trata de que Europa dé lecciones a los demás, sino simplemente de que asuma sus responsabilidades.

En 2022, el Comité de Ministros, órgano ejecutivo del Consejo de Europa compuesto por representantes de los ministerios de Asuntos Exteriores de sus 46 Estados miembros, adoptó su *Recomendación CM/Rec(2022)20 a los Estados miembros sobre los derechos humanos y la protección*

---

5 Se ha establecido que el calentamiento global en Europa es ahora dos veces más rápido que en el resto del mundo.

6 En la actualidad, los Estados miembros del Consejo de Europa no tienen una interpretación común de los elementos constitutivos del derecho humano a un medio ambiente sano. Se ha argumentado que uno o varios instrumentos nuevos que reconozcan jurídicamente el derecho humano a un medio ambiente sano podrían permitir a los Estados miembros del Consejo de Europa expresar su comprensión de los elementos constitutivos de este derecho e inspirar la legislación nacional correspondiente, lo que contribuiría en gran medida a la seguridad jurídica, que es un elemento importante. También permitiría a los Estados miembros influir en la evolución futura del derecho humano a un medio ambiente sano a escala internacional.

del medio ambiente. Este texto se redactó a la luz de la Recomendación 2211 (2021) de la Asamblea Parlamentaria del Consejo de Europa «*Afianzar el derecho a un medio ambiente sano: la necesidad de una acción reforzada del Consejo de Europa*», así como en las numerosas informaciones y sugerencias contenidas en una publicación de su Comité director para los derechos humanos (CDDH): el *Manual sobre derechos humanos y medio ambiente* (3.ª ed., 2021).

Por otra parte, el Comité de Ministros encargó al CDDH la preparación de «un *estudio sobre la necesidad y la viabilidad de uno o varios instrumentos adicionales sobre derechos humanos y medio ambiente*», en el que las cuestiones planteadas por el cambio climático deberían ser examinadas desde la perspectiva de los derechos humanos; en otras palabras, el objetivo sería elaborar un texto que demostrara que un medio ambiente sano es una condición para el disfrute pleno y efectivo de los derechos y de las libertades fundamentales. Un importante impulso político a estos trabajos fue dado en mayo de 2023 por la IV Cumbre de Jefes de Estado y de Gobierno del Consejo de Europa, que lanzó el llamado *proceso de Reikiavik* con la creación de un nuevo comité intergubernamental sobre medio ambiente y derechos humanos.[7] Asimismo, la Cumbre pidió la rápida conclusión del estudio de viabilidad del CDDH.

Haciendo eco al mandato recibido, el CDDH ha llevado a cabo en estos últimos meses una serie de debates en profundidad, en cooperación con expertos independientes y representantes de numerosas entidades.[8]

---

7   En el momento de dar a la imprenta esta ponencia cabe añadir que el Comité de Ministros, en su reunión de julio de 2024, creó el Grupo multidisciplinar *ad hoc* sobre medio ambiente (GME) encargado de «preparar un proyecto de estrategia del Consejo de Europa en materia de medio ambiente y un plan de acción conexo para su aplicación de conformidad con la Declaración de Reykjavik, centrándose en los ámbitos en los que el Consejo de Europa dispone de una ventaja comparativa y/o de instrumentos jurídicos y experiencia únicos, garantizando un proceso de consulta integrador y aprovechando las sinergias con los socios y las partes interesadas con vistas a aportar un valor añadido».

8   Participan en sus trabajos representantes de la Asamblea Parlamentaria y del Comité Europeo de Derechos Sociales (CEDS), Secretarías de la Asamblea Parlamentaria, de la Carta Social Europea (CES), de la Conferencia de ONG internacionales y de otros órganos pertinentes del Consejo de Europa, así como miembros de la Secretaría del Tribunal Europeo de Derechos Humanos y de la Oficina del Comisario de Derechos Humanos del Consejo de Europa, representantes de la Oficina del Alto Comisionado de las

Asimismo, a la luz de las tres sentencias del Tribunal Europeo de Derechos Humanos de abril de 2024 relativas a los efectos del cambio climático en el disfrute de los derechos humanos, el CDDH ha decidido tener en junio de 2024 una reunión con la profesora Helen Keller para aclarar los vínculos existentes entre el medio ambiente, el cambio climático y los derechos fundamentales. Podemos decir que nuestra reunión aquí en Zaragoza, en mayo de 2024, es un anticipo bienvenido de estas próximas reflexiones intergubernamentales.

Así pues, el CDDH proseguirá sus trabajos en este año 2024 sobre la base de un trabajo técnico muy avanzado y de una voluntad política claramente expresada a nivel parlamentario e intergubernamental, y elaborará con toda probabilidad, antes de finales de año,[9] un estudio de viabilidad sobre la posible necesidad de uno o varios instrumentos adicionales del Consejo de Europa en el ámbito de los derechos humanos y el medio ambiente, que se presentará al Comité de Ministros.

El proyecto actualmente sobre la mesa presenta varias opciones para un nuevo instrumento en el ámbito de los derechos humanos y el medio ambiente.

El primero se refiere a la elaboración *de un protocolo adicional al Convenio* que proteja el derecho humano a un medio ambiente sano. El elemento fundamental de dicho protocolo sería proporcionar una protección mejorada, integrada, consolidada y coherente del derecho humano a un medio ambiente sano, permitiendo que los demandantes accedan al Tribunal para hacer valer sus derechos medioambientales en casos en los que el medio ambiente no tenga necesariamente repercusiones sobre otros derechos del Convenio:

Naciones Unidas para los Derechos Humanos, de la Red Europea de Instituciones Nacionales de Derechos Humanos (ENNHRI) y de varias organizaciones no gubernamentales internacionales.

9   En el momento de dar a la imprenta esta ponencia cabe añadir que el CDDH, en su reunión de junio de 2024, pidió al Comité de Ministros una prórroga hasta el 31 de diciembre de 2024 con el fin de poder integrar en sus trabajos las implicaciones importantes de estas tres sentencias. El Comité de Ministros accedió a ello y el CDDH, en su 101.ª reunión (noviembre de 2024) adoptó su *Estudio sobre la necesidad y la viabilidad de uno o varios instrumentos adicionales sobre derechos humanos y medio ambiente*.

— Sin embargo, algunos consideran que el Tribunal no es el órgano adecuado para pronunciarse sobre estas cuestiones y que debería remitirse a los procesos políticos nacionales. Pero hay que recordar que la práctica bien establecida del Tribunal consiste en remitirse a las opciones políticas de los Estados y permitirles un margen de apreciación especialmente en cuestiones complejas y técnicas, lo que puede disipar el temor de ver al Tribunal convertirse en un «legislador». En cualquier caso, el Tribunal solo se pronunciará sobre supuestas violaciones de los derechos garantizados por el Convenio.

— Se ha aducido que el Tribunal vería crecer su ya pesada carga de trabajo si se añadiese al Convenio un protocolo garantizando el derecho humano a un medio ambiente sano, y que este incremento exigiría ciertamente recursos presupuestarios adicionales. Pero, por otro lado, se ha argumentado que el impacto de la degradación medioambiental y la triple crisis mundial sobre los derechos humanos ya está provocando un aumento del número de casos.

— También se ha argumentado que un nuevo protocolo podría, en realidad, agilizar y mejorar el proceso de toma de decisiones del Tribunal en casos medioambientales, sustituyendo el actual enfoque poco sistemático de estos casos y aumentando la seguridad jurídica.

— Se ha señalado por último que, al garantizar en términos generales el derecho humano a un medio ambiente sano, se confirmaría que los defensores de los derechos humanos que actúan en cuestiones medioambientales son, de hecho, defensores de los derechos humanos y tienen, por lo tanto, derecho a la protección otorgada a los defensores de los derechos humanos.

Si se opta por esta vía, podrían preverse tres modelos de protocolo adicional que responderían, respectivamente, a tres objetivos:

(i) Garantizar el derecho humano a un medio ambiente sano en su conjunto.

(ii) Garantizar el derecho humano a un medio ambiente sano y definir sus posibles elementos constitutivos.

(iii) Garantizar el derecho humano a un medio ambiente sano y definir sus posibles elementos constitutivos y otros elementos relativos al funcionamiento de los requisitos procesales del Convenio y a la aplicación de determinadas normas sustantivas en los casos previstos en el protocolo.

Una segunda opción sería elaborar un *protocolo adicional a la Carta Social Europea* que proteja el derecho humano a un medio ambiente sano:

— A este respecto, cabe señalar que el Comité Europeo de Derechos Sociales ya ha interpretado que el artículo 11 de la Carta («derecho a la protección de la salud») incluye el derecho humano a un medio ambiente sano. Por lo tanto, todas las opciones que implican un protocolo adicional a la Carta Social implican el reconocimiento del derecho humano a un medio ambiente sano como derecho autónomo.

— Como en el caso de la propuesta de protocolo adicional al Convenio, pueden considerarse tres opciones similares.[10] En el caso de estas opciones, se ha argumentado que el mecanismo de control no vinculante de la Carta Social, que combina un procedimiento de información con un procedimiento opcional de reclamación, podría ser adecuado en un ámbito en el que deben tomarse decisiones políticas delicadas.

— También se ha argumentado que un derecho humano a un medio ambiente sano podría incorporarse fácilmente a un sistema de derechos sociales como el Comité Europeo de Derechos Sociales. Además, los derechos ya protegidos por la Carta reflejan obligaciones tanto positivas como negativas, lo que sería apropiado para la protección del derecho humano a un medio ambiente sano.

---

10   (i) Garantizar el derecho humano a un medio ambiente sano en su conjunto.
  (ii) Garantizar el derecho humano a un medio ambiente sano y definir sus posibles elementos constitutivos.
  (iii) Garantizar el derecho humano a un medio ambiente sano y definir sus elementos constitutivos, y ajustar o suprimir la restricción del ámbito de aplicación personal de la Carta y la ampliación del ámbito de aplicación de los derechos, ya sea para la Carta en su conjunto o solo para un protocolo adicional sobre el derecho humano a un medio ambiente sano, así como la posibilidad de aceptar el procedimiento de reclamaciones colectivas solo con respecto al protocolo adicional.

— Sin embargo, como las decisiones del Comité Europeo de Derechos Sociales no son vinculantes para los Estados miembros, la posibilidad de que no se apliquen puede ser mayor que en el caso de
las sentencias vinculantes de un órgano como el Tribunal. Además,
un protocolo adicional a la Carta que garantice el derecho humano
a un medio ambiente sano podría suponer un aumento de la carga
de trabajo del Comité, lo que, por consiguiente, podría requerir
recursos presupuestarios adicionales.

Otra forma de mecanismo sería *un nuevo Comisario de medio ambiente y derechos humanos del Consejo de Europa,* elegido por la Asamblea Parlamentaria. Se encargaría de entablar sistemáticamente un diálogo perma-
nente con los Estados miembros, proporcionar una alerta temprana y una
reacción rápida y garantizar la asistencia pertinente, en estrecha cooperación con los principales servicios de la Secretaría y las instituciones del
Consejo de Europa:

— Se ha argumentado que un mecanismo de control autónomo de este
tipo que actúe a través del diálogo y las recomendaciones podría
contribuir a que los Estados miembros comprendan los elementos
constitutivos del derecho humano a un medio ambiente sano, mejorando así en cierta medida la protección nacional de este derecho.
— Sin embargo, los Estados miembros no podrían definir el contenido de ese derecho.
— En cierta medida, al entablar un diálogo con las empresas, el Comisario podría reforzar indirectamente las responsabilidades internacionales de las empresas en relación con el impacto medioambiental de sus actividades. Además, a través de su labor temática,
podría fomentar indirectamente el desarrollo de la jurisprudencia
y la práctica internacionales sobre la degradación del medio ambiente y la triple crisis mundial del cambio climático, la pérdida
de biodiversidad y la contaminación.
— También se ha señalado que la supervisión no vinculante, a través
de un Comisario, puede introducirse más fácilmente en un ámbito
en el que deben tomarse decisiones políticas nacionales complejas.
Se ha aducido, sin embargo, en contra que esa supervisión se aña-
diría a los múltiples mecanismos internacionales de supervisión ya
existentes y a los múltiples relatores especiales de la ONU y de otras

organizaciones que actúan en materia de derechos humanos y medio ambiente. También habría riesgo de solapamiento con los órganos existentes del Consejo de Europa, incluido el Comisario de Derechos Humanos. Por último, un nuevo mecanismo, que en cualquier caso requeriría financiación de los Estados miembros, podría adolecer de una relativa falta de impacto práctico cuantificable, lo que acabaría por debilitarlo.

Otra opción sería *mencionar la protección del medio ambiente en el preámbulo del Convenio,* mediante un protocolo de enmienda:

— La función interpretativa del Preámbulo podría dar legitimidad adicional a la jurisprudencia del Tribunal sobre la degradación medioambiental y la triple crisis global y fomentar su desarrollo. Sin embargo, esta opción —incluso con una exposición de motivos que aclare el propósito del añadido— dejaría a los Estados sin oportunidad de influir en la forma en que el Tribunal utiliza ese añadido al «Preámbulo», salvo argumentando a favor de las disposiciones del Tribunal. Además, se ha recordado que un protocolo que modifique el preámbulo existente (similar al artículo 1 del Protocolo n.º 15) tendría que ser ratificado por todos los Estados miembros para entrar en vigor, lo que implica un proceso largo y costoso tanto para el Consejo de Europa como a nivel nacional.

También se ha barajado la opción de *mencionar la protección del medio ambiente en el preámbulo de la Carta Social Europea:*[11]

— Esto podría dar una legitimidad adicional a la práctica medioambiental del Comité Europeo de Derechos Sociales y fomentar su desarrollo futuro de acuerdo con los requisitos procedimentales y las normas sustantivas existentes.

---

11   Aunque la Carta Social Europea no se pronuncia sobre el proceso de modificación del «Preámbulo», las enmiendas a la Carta se contemplan en el artículo J de la Carta, que prevé un procedimiento simplificado. Dado que el «Preámbulo» no se refiere a la ampliación de derechos que puedan ser aceptados individualmente por las partes, podría modificarse del mismo modo que las Partes III a VI de la Carta, que requieren la aceptación de todas las partes. Por lo tanto, a diferencia de la propuesta correspondiente relativa a la Convención, la modificación del preámbulo de la Carta Social no requiere necesariamente la adopción de un protocolo de modificación.

— Sin embargo, esta opción —incluso si va acompañada de una exposición de motivos que aclare la finalidad del añadido— dejaría a los
Estados sin posibilidad de influir en la forma en que el Comité
Europeo de Derechos Sociales hace uso del añadido al preámbulo,
salvo argumentando a favor de determinadas interpretaciones
como demandado.

Por último, una quinta opción *es elaborar un instrumento no vinculan-*
te que reconozca el derecho a un medio ambiente sano:

— Hay que recordar que la actual Recomendación CM/Rec(2022)20
del Comité de Ministros no reconoce el derecho humano a un
medio ambiente sano. Por ello, una nueva Recomendación podría:
(i) seguir el camino de la Resolución 76/300 de la Asamblea General de la ONU y reconocer explícitamente ese derecho, o (ii) reconocer el derecho y, además, sus posibles elementos constitutivos.

— Pero se ha argumentado que, dado que todos los Estados miembros del Consejo de Europa votaron a favor de la Resolución
76/300 de la Asamblea General de la ONU, recrear el contenido
de dicha resolución en el marco del Consejo de Europa solo tendría un efecto adicional limitado; no establecería un reconocimiento jurídicamente vinculante del derecho humano a un medio ambiente sano en el marco del Consejo de Europa aunque,
hasta cierto punto, podría influir en el desarrollo de la jurisprudencia del Tribunal y en la práctica del Comité Europeo de Derechos Sociales, ya que ambos mecanismos de supervisión tienen
en cuenta los instrumentos no vinculantes del Consejo de Europa
cuando procede.

— En favor del instrumento se ha señalado que (i) el proceso de ne-
gociación y adopción de un instrumento no vinculante suele im-
plicar menos trabajo y recursos que la adopción y la ratificación
de instrumentos vinculantes, y este tipo de fijación de normas no
vinculantes puede facilitar el logro de un consenso; (ii) el instrumento podría especificar los elementos constitutivos del derecho
a un medio ambiente sano, lo que ayudaría a los Estados miembros a configurar su legislación nacional en consecuencia sobre la
base de una comprensión común de estos elementos; (iii) el instrumento podría servir de catalizador para futuros trabajos de

codificación vinculante y permitir una mayor armonización de la aplicación del derecho a nivel nacional, mejorando así en cierta medida la protección nacional del derecho.

Por supuesto, también cabe *combinar distintos instrumentos*. Por ejemplo:

(i) Elaboración simultánea de protocolos adicionales al Convenio de Derechos Humanos y a la Carta Social.

(ii) Un convenio autónomo sobre derechos humanos y medio ambiente y la inclusión de la protección del medio ambiente en el preámbulo del Convenio.

(iii) Elaboración simultánea de un protocolo adicional al Convenio y/o a la Carta Social, combinada con un mecanismo autónomo de seguimiento (por ejemplo, un comité como la Comisión Europea contra el Racismo y la Intolerancia (ECRI) o un mecanismo como el Comisario de Empleo, Asuntos Sociales e Igualdad de Oportunidades (CEPEA)), para garantizar la aplicación del Convenio y de la Carta Social.

(iv) Elaboración de un convenio autónomo sobre derechos humanos y medio ambiente combinado con un mecanismo autónomo de supervisión.

Si se concluye que no es necesario un nuevo instrumento o que ninguna de las opciones anteriores es «viable», una última opción sería *no adoptar un nuevo instrumento*. No se trataría necesariamente de una decisión final y definitiva. Más bien, podría tener por objeto dar más tiempo al Tribunal para que siga desarrollando su jurisprudencia en casos medioambientales, incluidos los relacionados con los efectos adversos del cambio climático. La necesidad de un nuevo instrumento se reevaluaría entonces a la luz de los efectos de esta evolución.

Las opciones presentadas por el CDDH en el Estudio que adoptará antes de fin de año[12] serán estudiadas por el Comité de Ministros en 2025 con vistas a una decisión política.

---

12   En su 101.ª reunión (noviembre de 2024) el CDDH adoptó su *Estudio sobre la necesidad y la viabilidad de uno o varios instrumentos adicionales sobre derechos humanos y medio ambiente* (documento CDDH(2024)R101 Addendum 2) y lo comunicó al Comité

Por nuestra parte, y a modo de conclusión, creemos que la elaboración de un instrumento no vinculante sería, por el momento, la vía más realista y eficaz.[13] En el contexto de urgencia actual, la adopción de un instrumento de este tipo sería rápida, lo que constituye una ventaja considerable.

La elaboración sin demora de un instrumento no vinculante es una opción realista que presenta numerosas ventajas. El proceso de redacción en el seno del CDDH adoptaría la forma de un debate franco y profundo entre los 46 Estados miembros, con un grado de libertad y de visión no fácil de alcanzar cuando los debates se refieren a un instrumento vinculante. En ese debate participarían, por supuesto, representantes de otros órganos del Consejo de Europa, de la Unión Europea y de otras entidades internacionales, así como de la sociedad civil y de la industria. Este ejercicio permitiría extraer, lo antes posible, las enseñanzas que se desprenden, en materia de lucha contra el cambio climático, de la evolución reciente de la jurisprudencia del Tribunal y de la reflexión internacional.

El texto no vinculante también sentaría unas bases sólidas sobre las que podría negociarse posteriormente un instrumento vinculante en el seno del Consejo de Europa. Se trataría, por ejemplo, de un *Convenio del Consejo de Europa sobre derechos humanos, medio ambiente y cambio climático* que iría acompañado de un mecanismo autónomo de control (por ejemplo, un mecanismo cuasi judicial del tipo del Comité Europeo de Derechos Sociales, facultado en particular para examinar denuncias colectivas y en cuyo seno la Unión Europea podría desempeñar un papel importante). Este *Comité europeo para un medio ambiente sano* se encargaría

---

de Ministros. En su estudio, el CDDH sugiere que el Comité de Ministros sondee qué grado de apoyo podría encontrar en los Estados miembros cada una de las opciones y que, a la luz de ello, pida al CDDH que continúe profundizando la naturaleza, el contenido y las implicaciones del derecho humano a un medio ambiente limpio, saludable y sostenible, manteniendo el mismo objetivo de determinar si ese derecho debe ser objeto de un nuevo instrumento y, si es necesario, determinar la forma más apropiada del instrumento. Aún no se conoce la fecha de 2025 en la que el Comité de Ministros examinará el estudio del CDDH.

13   Ese nuevo texto, que adoptaría la forma de una Recomendación del Comité de Ministros podría consistir simplemente en una revisión de la Recomendación CM/Rec(2016)3 del Comité de Ministros a los Estados miembros sobre derechos humanos y empresas, tal como propuso la Asamblea Parlamentaria en su Recomendación 2211(2021).

de supervisar la aplicación del nuevo tratado y podría convertirse en un actor importante en la escena internacional.

Es evidente la complejidad de la situación y la necesidad de no precipitarse, pero a la vez es evidente que hay urgencia, porque los daños son inmensos. La Europa de los valores fundamentales debe ser ahora mucho más proactiva sin caer en procedimientos dilatorios ni en divagaciones diplomáticas.

Al comienzo de esta ponencia he evocado la crisis mundial debida al cambio climático, la pérdida de la biodiversidad y la contaminación. En nuestro continente, el Consejo de Europa debe dar ejemplo en su respuesta a la crisis. Si existe esta Organización y si existe el Convenio Europeo de Derechos Humanos, no es por casualidad: es el resultado de las luchas de seres humanos que, más allá de su sufrimiento y de su experiencia, desarrollaron una visión. Hoy esa visión debe conducir a una decidida acción normativa europea. Una acción paulatina, pero sin dilaciones, interrupciones o timideces diplomáticas. Una acción que contribuya a yugular la degradación del medio ambiente y nos permita ejercer plenamente nuestros derechos y nuestras libertades fundamentales.

4.
LA PROTECCIÓN COLECTIVA DE DERECHOS ANTE LAS AMENAZAS DERIVADAS DEL CAMBIO CLIMÁTICO

Enrique J. Martínez Pérez[1]

1. Introducción

El exordio con el que el Tribunal comenzaba su pronunciamiento en el asunto *Verein KlimaSeniorinnen Schweiz c. Suiza* nos preparaba, como en él se decía, para encontrarnos con un nuevo enfoque, dadas las particularidades del cambio climático, alejado de la sólida jurisprudencia ambiental.[2] Y, efectivamente, nos encontramos, a nuestro entender, con una decisión que supone un claro ejemplo de la técnica del *distinguishing,* poco frecuente en la jurisprudencia del Tribunal, que permite apartarse de decisiones previas ante situaciones fácticas dispares.[3] No en vano, el Tribunal ni de lejos se enfrentaba a un asunto ambiental con unos contornos semejantes al de demandas anteriores, por lo que ya advertía, antes de entrar en el fondo del asunto, como un punto preliminar, que las cuestiones planteadas nunca habían sido abordadas por él, de modo que la jurisprudencia ambiental tendría un valor limitado porque trataban desafíos muy diferentes.[4]

---

1 Catedrático de Derecho internacional público de la Universidad de Valladolid. enriquejesus.martinez@uva.es
2 *Verein KlimaSeniorinnen Schweiz y otros c. Suiza* [GC] n.º 53600/20, de 9 de abril de 2024, § 410 y ss.
3 B. Siltala, *A Theory of Precedent: from Analytical Positivism to a Post-Analytical Philosophy of Law,* Oxford, Hart Publishing, 2000, p. 73.
4 § 414.

La multitud de consideraciones singulares que debía afrontar el Tribunal dependía, en primer lugar, de cómo se evaluara la condición de víctima, pues la demanda se planteaba no solo por individuos, sino también por asociaciones. La decisión que tomara, además, iba a condicionar la admisibilidad de otras demandas que debía conocer la Gran Sala (*Carême c. Francia*;[5] *Duarte Agostinho y otros c. Portugal y 32 Estados*[6]), además de otras pendientes ante el Tribunal.[7] Como veremos a continuación, su decisión en este punto era complicada, en la medida en que la demanda presentaba muchos de los rasgos característico de las *actio popularis,* no permitidas en su jurisprudencia.

En segundo lugar, el Tribunal, que venía de examinar episodios ambientales cuyas consecuencias sobre los individuos o grupos de individuos eran identificables y estaban focalizados, abordaba en este caso efectos o riesgos sobre un número de personas indefinido, afectando no solo el disfrute de los derechos en la actualidad, sino también en el futuro.[8] A diferencia de los eventos contaminantes debido a fuentes locales, las emisiones principales de gases de efecto invernadero generadas en la jurisdicción de un determinado Estado son solo responsables de causar una parte del daño, por lo que el nexo de causalidad entre las acciones y omisiones de las autoridades estatales era necesariamente indirecto y más débil.[9] Así pues, debía afrontar un caso donde ciertamente era difícil defender una responsabilidad específica.

Y, por último, tenía que examinar, por primera vez, el alcance de las obligaciones positivas en el contexto del cambio climático, debiéndose pronunciar sobre cuál era en estos casos el margen de apreciación, clave para determinar si hubo una violación de los derechos fundamentales reconocidos convencionalmente. Seguramente, sea este punto el más controvertido de la sentencia comentada, porque va más allá de las obli-

---

5   *Carême c. France,* n.º 7189/21, decisión de inadmisión de 9 de abril de 2024.
6   *Duarte Agostinho y otros c. Portugal y 32 Estados,* n.º 39371/20, decisión de inadmisión de 9 de abril de 2024.
7   ECHR, *Factsheet – Climate change,* April 2024, disponible en <https://www.echr.coe.int/documents/d/echr/FS_Climate_change_ENG>
8   § 479.
9   § 439.

gaciones que contemplan los compromisos internacionales asumidos por los Estados.

2. El reconocimiento del impacto del cambio climático en los derechos humanos

Como se viene apuntando en las Naciones Unidas desde hace años, los efectos del cambio climático pueden impedir el disfrute de los derechos humanos,[10] entre otros, el derecho a la vida, el derecho a una alimentación adecuada, el derecho al disfrute del más alto nivel posible de salud física y mental, el derecho a una vivienda adecuada, el derecho a la libre determinación, el derecho al agua potable y al saneamiento, el derecho al trabajo y el derecho al desarrollo. Afectan, además, de manera desproporcionada, a determinados colectivos vulnerables (personas con discapacidad, mujeres, personas de edad).[11] En este sentido, los órganos de supervisión de las Naciones Unidas han reconocido ya esta realidad. Así, el Comité de Derechos Humanos ha considerado que ciertos efectos del cambio climático (elevación del nivel del mar) suponen un riesgo verdadero de vulneración del derecho a la vida,[12] amén de reconocer que el menoscabo de los derechos por las acciones u omisiones del Estado en relación con las emisiones de carbono son razonablemente previsibles.[13]

En este sentido, y sobre las conclusiones del Grupo Intergubernamental de Expertos sobre el Cambio Climático (IPCC), el TEDH ha señalado en este caso que el cambio climático antropogénico plantea una grave amenaza actual y futura sobre el disfrute de los derechos humanos garantizados en el Convenio Europeo para la Protección de los Derechos Humanos y las Libertades Fundamentales (Roma, de 4 de noviembre de

---

10　J. H. Knox, «Linking Human Rights and Climate Change at the United Nations», *Harvard Environmental Law Review*, 33 (2009), pp. 477-498.
11　Resolución 41/21 del Consejo de Derechos Humanos, *Los derechos humanos y el cambio climático*, de 12 de julio de 2019, doc. A/HRC/RES/41/21.
12　*Teitiota c. Nueva Zalanda*, comunicación n.º 2728/2016, de 24 de octubre de 2019, doc. CCPR/C/127/D/2728/2016, § 8.6.
13　*Chiara Sacchi y otros c. Argentina*, comunicación n.º 104/2019, de 22 de septiembre de 2021, doc. CRC/C/88/D/104/2019, § 10.14.

1950).[14] Considera, además, que han aumentado la mortalidad y las enfermedades, especialmente entre los grupos más vulnerables. Por estos motivos, indica que hay una relación de causalidad jurídicamente relevante entre las acciones y las omisiones de los Estados y el daño que afecta a los individuos.[15]

Sin embargo, este reconocimiento no es suficiente, al menos en el sistema europeo, para determinar la responsabilidad de un Estado. A pesar de ser un instrumento de garantía colectiva de los derechos humanos, se han impuesto ciertos límites al derecho de petición individual, primero al exigirse en el propio Convenio la condición de víctima y luego al configurarse jurisprudencialmente la exigencia de la afectación personal de la violación.[16]

3. La competencia *ratione personae*: individuos y organizaciones no gubernamentales

De conformidad con el artículo 34 del Convenio Europeo, los solicitantes, que pueden ser una persona física, una organización no gubernamental o un grupo de particulares, deben demostrar que son *víctimas* de la violación de un derecho convencional. Esta es una particularidad del sistema europeo que no reproducen otros textos convencionales. Dicha exigencia no se contempla, por ejemplo, en el artículo 44 de la Convención Americana sobre Derechos Humanos (San José, de 22 de noviembre de 1969), donde diferencia entre víctima y peticionario, no siendo necesario demostrar en este último caso un interés personal, de modo que se pueden presentar quejas tanto en nombre propio como en nombre de terceras personas.[17]

En el caso de los particulares, se debe demostrar que los individuos están directa y personalmente afectados por la presunta violación, que exista un vínculo suficientemente estrecho entre el demandante y el perjuicio

---

14   § 436.
15   § 478.
16   F. Voeffray, *L'actio popularis ou la défense de l'intérêt collectif devant les juridictions internationales,* Ginebra, Graduate Institute Publications, 2004, § 77.
17   L. Burgorgue-Larsen y A. Úbeda de Torres, *Les grandes décisions de la Cour Interaméricaine des Droits de l'homme,* Bruselas, Bruylant, 2008, pp. 127-132.

sufrido.[18] No es posible alegar un deterioro general del medio ambiente, pues debe haber un efecto o impacto negativo (o un riesgo real e inminente) en la vida del individuo (art. 2) o en su esfera privada o familiar (art. 8).[19]

Y en el caso de las asociaciones, no pueden ser, en principio, víctimas directas de una violación de determinados derechos, de los que son únicamente titulares las personas físicas, como el derecho a la vida, la salud o la vida privada, que suelen ser, precisamente, los que se presentan en los casos ambientales.[20] Molestias o problemas invocados en el marco del artículo 8 no pueden ser alegadas como lo hacen las personas físicas, ni tan siquiera el respeto al domicilio, por el solo hecho de que la sede de la organización se encuentre próxima a la actividad o la instalación recurrida, siempre y cuando las molestias no afecten a los individuos.[21] Podrían, no obstante, reclamar la infracción de otros derechos, muchos de ellos de naturaleza procedimental, como el derecho a la tutela judicial.[22]

Los efectos de la contaminación deben alcanzar además un umbral mínimo de gravedad, cuya constatación es relativa y depende de las circunstancias del caso, tales como la intensidad y la duración de la contaminación y de sus efectos físicos o psicológicos.[23] Se considera que los atentados ambientales son intolerables o de extrema gravedad cuando los niveles aceptables de exposición o de calidad son excedidos. Y estos pueden producirse, sea por una concentración de sustancias, sea por la repetición continua de episodios de contaminación.[24] No se admiten los daños de bagatela, las molestias ambientales de poca magnitud que el individuo debería soportar por su escasa entidad,[25] es decir, aquellos daños que sean insignificantes en

---

18   *Caron y otros c. Francia,* n.º 48629/08, § 1, decisión de inadmisión de 29 de junio de 2010.

19   *Kyrtatos c. Grecia,* n.º 41666/1998, § 52, de 22 de mayo de 2003.

20   *Sdruženi Jihočeské Matky c. República Checa,* n.º 19101/03, § 2.1, decisión de inadmisión de 10 de julio de 2006.

21   *Asselbourg y otros c. Luxemburgo,* n.º 29121/95, § 1, decisión de inadmisibilidad de 29 de junio de 1999.

22   *Gorraiz Lizarraga y otros c. España,* n.º 62543/00, § 45-46, de 27 de abril de 2004.

23   *Fadeyeva c. Rusia,* n.º 55723/00, § 68-69, de 9 de junio de 2005.

24   *Udovičić v. Croacia,* n.º 27310/09, § 140, de 24 de abril de 2014.

25   F. Simón Yarza, *Medio ambiente y derechos fundamentales,* Madrid, Centro de Estudios Políticos y Constitucionales, 2012, p. 258.

comparación con lo que el Tribunal denomina «riesgos medioambientales inherentes a la vida en la ciudad moderna».[26]

El sistema europeo no está destinado a prevenir potenciales violaciones de la Convención. Las peticiones examinan, en principio, violaciones que ya han ocurrido. Solo en casos excepcionales se admiten violaciones potenciales o futuras, a la vista de la gravedad y el carácter irreparable de la lesión.[27] Por ejemplo, cuando la ejecución de una resolución de extradición pueda infringir torturas o tratos inhumanos en contra del artículo 3 del Convenio.[28] En cuestiones ambientales, no han prosperado las demandas que alegan el carácter potencial de la lesión, seguramente por tratarse de amenazas de naturaleza difusa.[29] La demanda más conocida es el caso *Tauira,* relativo a los ensayos nucleares en el Pacífico. Ante los riesgos de contaminación radioactiva en la salud y la vida de las personas, el Tribunal dictaminó que, para obtener la condición de víctima, se deben presentar evidencias razonables y convincentes de la probabilidad de que se produzca una violación que les afecte personalmente y no meras sospechas o conjeturas. No basta con la simple invocación de los riesgos inherentes al uso de la energía nuclear; se exige un grado de probabilidad de que ocurra un daño, ante la falta de precauciones suficientes, por la reanudación de las pruebas nucleares, y siempre que las consecuencias eventuales no sean demasiado remotas.[30]

3.1.   El endurecimiento de la condición de víctima de los individuos

A la interpretación restrictiva tradicional de la condición de víctima en los casos ambientales, el Tribunal va a añadir en este caso, por diferentes motivos, nuevas exigencias por tratarse de demandas climáticas, que va a estrechar, aún más, el círculo de individuos que va a poder demandar a los Estados por falta de acción o por medidas inadecuadas.

---

26   *Hardy y Maile c. Reino Unido,* n.º 31965/07, § 188, de 14 de febrero de 2012.
27   *Lambert y otros c. Francia* [GC], n.º 46043/14, § 115, de 5 de junio de 2015.
28   *Soering c. Reino Unido,* n.º 14038/88, § 85, 7 de julio de 1989.
29   E. Martínez Pérez, *La tutela ambiental en los sistemas regionales de protección de los derechos humanos,* Valencia, Tirant lo Blanch, Valencia, 2017, p. 17.
30   *Tauira y otros c. Francia,* n.º 28204/95, Decisión de la Comisión de 4 de diciembre de 1995, Decisions and Reports (DR) 83-B, p. 131.

La primera de las razones esgrimida es que el número de personas potencialmente afectadas por el cambio climático es indeterminado. Las denuncias se refieren a medidas generales que afectan a la población en general, cuyas consecuencias no se limitan a ciertas personas o grupos identificables. Los procedimientos judiciales serán eminentemente prospectivos porque tendrán un efecto más allá de los derechos individuales.[31]

El enfoque especial viene determinado, en segundo lugar, porque «en el contexto del cambio climático, todo el mundo puede, de una forma u otra y en algún grado, verse directamente afectado, o correr un riesgo real de verse directamente afectado, por los efectos adversos del cambio climático». Consecuentemente, hay potencialmente un gran número de personas que pueden ser víctimas.[32]

Y, en tercer lugar, considera que la ampliación del número de víctimas podría socavar los principios constitucionales nacionales y la separación de poderes al dar lugar a un acceso muy amplio a los tribunales que impulsaría los cambios en las políticas nacionales del cambio climático.[33]

Todas estas razones llevan al Tribunal a limitar el acceso de las posibles víctimas potenciales e indirectas en el contexto del cambio climático, a pesar de ser admitidas ambas figuras en su jurisprudencia, como hemos visto en el epígrafe anterior. Cabe recordar que, aunque el Convenio no permite a los particulares quejarse de una disposición en Derecho interno simplemente porque, sin haber sufrido directamente sus efectos, les parezca que se vulnera, un particular «puede sostener que una ley viola sus derechos, en ausencia de un acto individual de ejecución, si se ve obligado a modificar su comportamiento por temor a ser procesado o si pertenece a una categoría de personas susceptibles de sufrir directamente los efectos de la legislación».[34] Además, admite la condición de víctima (indirecta) a quien la violación le cause un perjuicio o que tenga un interés válido y personal en que se ponga fin a aquella.[35] Sin embargo, para el Tribunal, ninguna de ellas puede ser aplicado

---

31   § 479.
32   § 483.
33   § 484.
34   *Tănase c. Moldavia* [GC], n.º 7/08, § 104, de 27 de diciembre de 2010.
35   *Vallianatos y otros contra Grecia* [GC], n.ᵒˢ 29381/09 y 32684/09, § 47, de 7 de noviembre de 2013.

al ámbito del cambio climático porque cualquier «categoría de personas» va a tener un «interés personal legítimo», al verse afectados por los riesgos actuales y futuros, de modo que no serviría como criterio limitador.[36]

Resultado de estas consideraciones, suma nuevas exigencias a las ya reconocidas jurisprudencialmente, con dos condiciones que deben probar las personas físicas: por un lado, «el solicitante debe estar sujeto a una exposición de alta intensidad a los efectos adversos del cambio climático, es decir, el nivel y la gravedad de (el riesgo de) las consecuencias adversas de la acción o inacción gubernamental que afecten al solicitante deben ser significativos; y, por otro lado, debe existir una necesidad imperiosa de garantizar la protección individual del solicitante, debido a la ausencia o insuficiencia de medidas razonables para reducir el daño».[37] Y, además, advierte que el umbral para cumplir con estos presupuestos será especialmente elevado. Entre otras exigencias, deberá tenerse en cuenta la situación a nivel local y la existencia de particularidades y vulnerabilidades individuales, además de «la naturaleza y el objeto de la impugnación del demandante en virtud del convenio; el carácter real o lejano y/o la probabilidad de los efectos negativos del cambio climático en el tiempo; el impacto específico en la vida, la salud o el bienestar del reclamante; la amplitud y la duración de los efectos negativos; el alcance del riesgo —localizado o general—; y la naturaleza y la vulnerabilidad del interesado».[38]

Considero que el Tribunal, como ya ha hecho en otros casos ambientales, estaría sometiendo a las víctimas individuales a una auténtica *probatio diabolica,* casi imposible de demostrar. Primeramente, porque se mantiene el umbral de severidad superior en el marco del artículo 2 a la hora de comprobar si las agresiones ambientales han afectado a la salud de los recurrentes,[39] en tanto que la injerencia debe poder causar la muerte de la persona.[40] Tiene que ser, en consecuencia, una amenaza *real,* es decir, grave,

---

36 § 485.
37 § 487.
38 § 488.
39 S. Lecomte y C. Moisan, «Le droit à la vie et l'environnement», en L. Robert (dir.), *L'environnement et la Convention européenne des droits de l'homme,* Bruselas, Bruylant, 2013, p. 21.
40 N. de Sadeleer, «Les droits fondamentaux au secours de la protection de l'environnement: examen du droit de l'UE et de la CEDH», en L. Robert (dir.),

acreditada y suficientemente verificable e *inminente,* que haya una proximidad física y temporal de la amenaza que provoca el riesgo.[41] Pero es que además se extiende dicho umbral al ámbito del artículo 8, que pese a considerarse como un «derecho de las personas a una protección efectiva por parte de las autoridades del Estado contra los efectos adversos graves del cambio climático en su vida, salud, bienestar y calidad de vida», se exige una prueba *individualizada* muy estricta basada en la gravedad y en la urgencia.[42] Es así como, aun reconociendo que los efectos adversos del cambio climático (en particular, las olas de calor) afectan a las mujeres mayores en Suiza, sometidas a un riesgo especial, con mayores hospitalizaciones, y demostrada el aumento de la mortalidad y las enfermedades, considera que los demandantes no sufrieron problemas médicos críticos.[43]

Además, incluye en esta etapa de la valoración de la prueba las medidas de adaptación generales y personales,[44] como elemento relevante para excluir la condición de víctima. Si esto es así, en el futuro, aquellos Estados que no tomen medidas para limitar los riesgos previsibles derivados del cambio climático (no facilitando, por ejemplo, información práctica sobre cómo actuar frente a una ola de calor) tendrían mayores probabilidades de ser declarados culpables por vulneración de estos derechos convencionales. En caso contrario, será complejo demostrar la condición de víctima.

3.2. La flexibilización de la condición de víctima de las asociaciones

A la estela de los avances normativos operados en diversos instrumentos jurídicos internacionales, básicamente, el Convenio sobre el acceso a la información, la participación del público en la toma de decisiones y el acceso a la justicia en materia de medio ambiente (Aarhus, de 25 de junio de 1998), el TEDH ha ido reforzando el *locus standi* de las asociaciones

---

L'environnement et la Convention européenne des droits de l'homme, Bruselas, Bruylant, 2013, pp. 105-130.
41 § 512.
42 § 531.
43 § 533.
44 § 533.

para acceder a la justicia en cuestiones ambientales. Pese a las limitaciones antes señaladas, ha afirmado que «en las sociedades actuales, cuando un ciudadano se enfrenta a actos administrativos especialmente complejos, el recurso a entidades colectivas, tales como las asociaciones, constituye uno de los medios accesibles, a veces el único, de que dispone para asegurar la defensa eficaz de sus intereses particulares».[45] En consecuencia, y a partir de una interpretación sistémica evolutiva conforme al contexto normativo europeo e internacional y la práctica estatal, reconocen la legitimación activa ante el TEDH de las asociaciones en los litigios climáticos.

Reconozco, como hace el Tribunal, que estamos ante un fenómeno global y complejo, con origen en múltiples causas, que afecta no solo a la generación presente, sino también a las generaciones venideras, y que, por tal motivo, es necesario reforzar la toma de decisiones, lo cual debe hacerse a través de mecanismos de acción colectiva.[46] Igualmente, que se trata de procesos judiciales donde se abordan cuestiones fácticas y jurídicas muy complejas, donde las cuestiones probatorias exigen recursos logísticos y financieros importantes.[47] Y que buscan no solo proteger a las personas afectadas actualmente por el cambio climático, sino también a aquellos individuos cuyo disfrute de los derechos de la Convención puede verse grave e irreversiblemente afectado en el futuro.[48]

Así pues, no es en principio sorprendente que se reconozca el *locus standi* a las asociaciones que cumplan con estos requisitos: *a*) estar legalmente constituidas en la jurisdicción de que se trate o estén legitimados para actuar en ella; *b*) ser capaz de demostrar que persigue una finalidad específica de conformidad con sus objetivos estatutarios en la defensa de los derechos humanos de sus miembros u otras personas afectadas dentro de la jurisdicción de que se trate, ya sea limitada o no a la acción colectiva para la protección de esos derechos contra las amenazas derivadas del cambio climático; y *c*) estar en condiciones de demostrar que puede considerarse realmente habilitada y es representativa para actuar en nombre de los

---

45 *Gorraiz Lizarraga y otros c. España*, n.º 62543/00, § 36-38, de 27 de abril de 2004.
46 § 489.
47 § 497.
48 § 499.

miembros u otras personas que protege en el Convenio expuestos a amenazas específicas o efectos adversos del cambio climático.[49]

A partir de estas premisas, habría que preguntarse, sin embargo, cuáles son las víctimas, esto es, si la propia asociación, sus miembros u otras personas afectadas. Siguiendo en este caso con su sólida jurisprudencia, reconoce el Tribunal que una asociación no puede en el marco de los artículos 2 y 8 del Convenio ser considerada víctima por las molestias o los problemas de salud derivados del cambio climático, que solo pueden afectar a las personas físicas.[50] Respecto a los miembros de la asociación, reconoce que en circunstancias excepcionales estas pueden presentar solicitudes en su nombre, en casos que afectan a individuos vulnerables por su edad, sexo o discapacidad. No creo que sea el caso, pues en las demandas admitidas anteriormente por el Tribunal, la asociación representaba a una *víctima* fallecida, que no es el caso aquí planteado.[51] ¿Se presentó entonces la demanda en nombre de los miembros que actualmente se ven afectados por el cambio climático? Una respuesta afirmativa sería ciertamente incoherente, pues entre ellas estarían las mujeres a las que se les denegó la condición de víctima (individualmente considerada). Por ello, parte de la doctrina considera que el Tribunal lo que ha hecho en este caso es fijar un umbral más bajo (menos exigente) de la condición de víctima cuando las demandas sean presentadas por asociaciones en nombre de sus miembros.[52] Ahora bien, debería indicarse qué tipo de prueba. Siempre hemos defendido, porque además es una posibilidad que contempla el TEDH, una prueba simplificada, a través de una combinación de evidencias indirectas y presunciones sólidas.[53] Sin embargo, nada de ello se indica en la sentencia. Por el contrario, se aboga por reconocerlas legitimación en calidad de

---

49   § 502.

50   § 496.

51   *Centro de Recursos Jurídicos en nombre de Valentin Câmpeanu contra Rumanía* [GC], n.º 47848/08, § 111-113, de 17 de julio de 2014; *Asociación para la Defensa de los Derechos Humanos en Rumania – Comité de Helsinki en nombre de Ionel Garcea c. Rumania*, n.º 2959/11, § 42-46, 24 de marzo de 2015.

52   C. Heri, «*KlimaSeniorinnen,* the prohibition of *actio popularis* cases, and future generations – a false dilemma?, *EJIL: Talk!,* December 19, 2024 (disponible en < https://www.ejiltalk.org/klimaseniorinnen-the-prohibition-of-actio-popularis-cases-and-future-generations-a-false-dilemma>).

53   *Grimkovskaya c. Ucrania,* n.º 38182/03, § 60-62, de 21 de julio de 2011.

representantes de las personas cuyos derechos han sido o serán afectados
(omitiendo la condición de víctima), ante la preocupación común de la
humanidad y la necesidad de promover el reparto de la carga entre generaciones en este contexto del cambio climático.[54]

Queda entonces una última interpretación. ¿Representó entonces la
asociación los derechos de las generaciones futuras? Parece que, en principio, solo pueden presentarse en virtud del artículo 34 del Convenio las
demandas de personas vivas, dentro de la jurisdicción de un Estado, por lo
que no se haría referencia a los no nacidos.[55] ¿Estamos hablando de los
niños de hoy? Si es así, deberían exigirse las condiciones fijadas en la jurisprudencia de las víctimas potenciales, esto es, la probabilidad de que se
produzca una violación grave que les afecte personalmente de manera in-
mediata. ¿Es el caso? Para algunos autores sí, porque los niños serían víctimas por los riesgos actuales de que se materialicen daños graves que les
afecten directamente durante toda su vida en comparación con los adul-
tos.[56] Pero si admitimos esta teoría, estaríamos sometiendo a las víctimas
vulnerables (personas de edad y niños) a pruebas asimétricas difíciles de
sostener, puesto que no se entiende por qué en un caso se ha alcanzado un
alto nivel de gravedad y en otros no; por qué las consecuencias son remotas
en un caso y en otro no; y, sobre todo, por qué las medidas de adaptación,
que liberan de la responsabilidad al Estado, no pueden aplicarse igualmente a las generaciones futuras.

3.3.   ¿Estamos entonces ante un caso de *actio popularis*?

El sistema europeo no permite la *actio popularis,* reclamaciones en
defensa de un interés general o público sin identificar un daño personal,[57]
por lo que deben identificarse las víctimas afectadas por la violación que
invocan.[58] No permite tampoco demandas basadas en peligros generales,

---

54   § 494.
55   § 420.
56   G. Letsas, «The European Court's Legitimacy After *KlimaSeniorinnen*», *The European Convention on Human Rights Law Review,* 5 (2024), pp. 444-453.
57   *L'Erablière A. S. B. L. c. Bélgica,* n.º 49230/07, § 25 y 29, de 24 de febrero de 2009.
58   *Sdruženi Jihočeské Matky c. República Checa,* decisión de inadmisión n.º 19101/03,
de 10 de julio de 2006.

en la revisión en abstracto de la legislación y la práctica pertinentes.[59] Y así se reconoce en la sentencia, advirtiendo de su prohibición en multitud de ocasiones, contraponiendo el deterioro general del medio ambiente con los efectos nocivos sobre las personas,[60] advirtiendo que no admite quejas individuales o colectivas sobre disposiciones legislativas que puedan contravenir el Convenio sin solicitantes afectados directamente.[61]

A mi entender, no estamos ciertamente ante una acción popular, porque no se presenta la demanda para la protección de un interés general. No obstante, se trata de una queja que sirve para proteger indirectamente intereses colectivos, de la mayoría de la población, que no está prohibido por la jurisprudencia del Tribunal. En cambio, lo que se aprecia es un control abstracto del marco regulatorio, sin detenerse en alguna justificación de los daños personales.

Creemos entonces que, en ningún momento, pese a que la demanda se presentó en nombre de individuos, se ha explicado la relación entre el *ius standi* y el requisito de víctima, dejando a un lado, además, la cuestión de la causalidad. Entendemos la posición del Tribunal que, en interés de la correcta administración de justicia, debe modular las exigencias para tener la condición de víctima a la luz de las restricciones internas para acceder a la justicia, pero, ciertamente, esto debería hacerse mediante un reforzamiento de las garantías tuteladas en el marco del artículo 6 (derecho a un proceso equitativo) y 13 (derecho a un recurso efectivo), no en el marco del artículo 8 del Convenio.

4. La atribución de la responsabilidad individual ante contribuciones acumulativas o concurrentes

Una de las dificultades para determinar la responsabilidad estatal en los casos de episodios ambientales es la demostración del vínculo entre la actuación específica estatal y el perjuicio de daños concretos en los

---

59   *Roman Zakharov c. Rusia* [GC], n.º 47143/06, § 164, CEDH 2015.
60   § 446.
61   § 460.

demandantes.[62] En el contexto del cambio climático, su identificación es aún más compleja, dado que los efectos adversos en los individuos determinados causados por un Estado en su jurisdicción son solo una parte del daño causado.[63] Para sortear estos obstáculos, el Tribunal tiene que acudir, en primer lugar, al Derecho internacional general, que establece la responsabilidad individual de cada Estado sobre la base de su propia conducta y sus propias obligaciones internacionales, en concreto, a los principios desarrollados por la Comisión de Derecho Internacional (CDI) en el *Proyecto de artículos sobre la responsabilidad internacional del Estado* aprobados en 2001,[64] donde se contemplan las acciones concertadas para cometer un hecho internacionalmente ilícito por una pluralidad de Estados responsables.[65] Sin embargo, en nuestra opinión, dicho precepto solo abarca las situaciones respecto a la *misma* acción u omisión, no respecto de actuaciones separadas.[66] Además, cada uno de los Estados no cometen exactamente el mismo hecho internacionalmente ilícito, sino que contribuyen de manera diferente.

Considero que hubiera sido más correcto traer a colación, por ejemplo, las propuestas que en los últimos tiempos está haciendo la doctrina al respecto, en concreto la sistematizada en los *Principios rectores de la responsabilidad compartida en el Derecho internacional,*[67] que contempla la comisión

---

62   A. Moreno Molina, *El derecho del cambio climático,* Valencia, Tirant lo Blanch, 2023, p. 556.
63   § 439.
64   *Comentario* al artículo 47, *Informe de la Comisión de Derecho Internacional,* 53.º periodo de sesiones, 2001 (A/56/10), § 3.
65   Artículo 47. *Pluralidad de Estados responsables:*
     1. Cuando varios Estados sean responsables del mismo hecho internacionalmente ilícito, podrá invocarse la responsabilidad de cada Estado en relación con ese hecho.
     2. El párrafo 1:
     a) No autoriza a un Estado lesionado a recibir una indemnización superior al daño que ese Estado haya sufrido.
     b) Se entenderá sin perjuicio de cualquier derecho a recurrir contra los otros Estados responsables.
66   *Comentario* al artículo 47, *Informe de la Comisión de Derecho Internacional, op. cit.,* § 8.
67   A. Nollkaemper, J. d'Aspremont, C. Ahlborn, B. Boutin, N. Nedeski, Ll. Plakokefalos y D. Jacobs, «Guiding Principles on Shared Responsibility in International Law», *European Journal of International Law,* 31 (2020), pp. 15-72.

por varios sujetos de Derecho internacional de uno o varios hechos internacionalmente ilícitos que contribuyan a un daño *indivisible,* pudiendo ser su participación individual, concurrente o *acumulativa.*[68] Y es que la ausencia de medidas de reducción de las emisiones por un único Estado puede no ser por sí mismas suficientes para causar alguno de los efectos del cambio climático (olas de calor, tormentas más intensas, sequías, etc.), pero pueden provocar daños si dejan de hacerlos al mismo tiempo varios Estados.[69] Así pues, cada Estado realizaría una conducta separada, que en el caso del cambio climático sería una omisión, cuya combinación o acumulación daría lugar al daño.[70] Realmente, estamos ante una combinación de contribuciones acumulativas y concurrentes, de modo que si se demuestra que un Estado ha cometido un acto internacionalmente ilícito que contribuya a un daño, no debería poder eludir su responsabilidad simplemente porque otros hayan contribuido al mismo daño.[71]

En cualquier caso, y para afianzar su postura frente a las alegaciones de los Estados que pretenden eludir su responsabilidad sobre el argumento de la «gota en el océano»,[72] esto es, de escasa contribución al fenómeno climático, recurre también a su propia jurisprudencia respecto a las obligaciones positivas, considerando que no es necesario demostrar con certeza que de no ser por la falta de acción de las autoridades el daño no se habría producido. Basta para declarar responsable a un Estado con comprobar que no ha adoptado las medidas razonables que hubieran tenido una oportunidad real de mitigar el perjuicio causado.[73]

Este nuevo enfoque, que hasta ahora se había utilizado solo para demandantes individuales en casos de violaciones del derecho a la vida o tratos inhumanos, va a suponer, seguramente, una ampliación de los potenciales responsables, al no tener que demostrarse la contribución específica de cada Estado al perjuicio personal de los efectos climáticos. Además,

---

68 *Principio 2.*
69 *Comentario* al Principio 2, § 8, p. 26.
70 A. Nollkaemper, «The duality of shared responsibility», *Contemporary Politics,* 24 (2018), p. 536.
71 *Comentario* al Principio 2, § 11, p. 28.
72 § 444.
73 *O'Keeffe C. Irlanda* [GC], n.º 35810/09, § 149, de 28 de febrero de 2014; *Bljakaj y otros c. Croacia,* n.º 74448/12, § 124, 18 de septiembre de 2014.

esa responsabilidad se desliga de la comprobación del cumplimiento de las obligaciones jurídico-internacionales derivadas de los tratados internacionales en la materia, puesto que lo relevante es si se han tomado las medidas necesarias para prevenir un aumento de las emisiones de gases de efecto invernadero que produzcan efectos adversos graves e irreversibles en los derechos convencionalmente protegidos y que determinarán el contenido de las obligaciones positivas.

5. El planteamiento vertical del contenido de las obligaciones positivas en el contexto climático

Quedaba, por último, por determinar el alcance de las obligaciones positivas, para lo cual, como en las cuestiones previas anteriores, no se llevó a cabo una mera transposición de los principios arraigados en su jurisprudencia ambiental, sino que se adaptaron al contexto del cambio climático. Comienza así recordándonos que los Estados están obligados a establecer un marco regulatorio conveniente (legislativo y administrativo) para prevenir los daños sobre el medio ambiente y la salud humana.[74] Que no debe ser la función del TEDH, en estos casos, dictaminar qué medidas precisas para reducir el impacto de las actividades contaminantes deben tomarse, aunque puede evaluar si el Estado actuó con la debida diligencia y si tomó en cuenta todos los diferentes intereses en juego.[75] Y que deben, amén de contemplarse en el ordenamiento jurídico interno, aplicarse de manera oportuna y eficaz, por lo que la pasividad o la permisibilidad de los poderes públicos pueden dar lugar a una vulneración del Convenio.[76]

También, según su firme jurisprudencia, considera que debe evaluar en esta etapa si el Estado se mantuvo dentro de su margen de apreciación. Y es en este punto donde ciertamente se plantea un nuevo enfoque, clave para determinar la violación del Estado demandado. Hasta el momento, había mantenido que el margen de apreciación en cuestiones de política

---

74   *Sarno y otros c. Italia,* n.º 30765/08, § 106, de 10 de enero de 2012; *Jugheli y otros c. Georgia,* n.º 38342/05, § 75, de 13 de julio de 2017.
75   *Mileva y otros contra Bulgaria,* n.º 43449/02 y 21475/04, § 98, 25 de noviembre de 2010.
76   *Cuenca Zarzoso c. España,* n.º 23383/12, § 51, 16 de enero de 2018.

ambiental debía ser amplio, de modo que las autoridades estatales podían elegir entre diferentes medios y formas, sin señalar medidas concretas, aunque en algunas ocasiones había sugerido a los Estados algún tipo de actuaciones.[77] Ahora, sin embargo, ampara un margen de apreciación diferenciado. Por un lado, considera que debe ser reducido respecto a los objetivos de reducción de los gases de efecto invernadero, ante la naturaleza y la gravedad de la amenaza que representa el cambio climático, los compromisos aceptados por las Partes y el consenso sobre lo que está en juego; y, por otro lado, debe ser amplio en cuanto a los medios diseñados para alcanzar esas metas, incluidas las opciones operativas y las políticas a adoptar para cumplir con los compromisos asumidos internacionalmente.[78]

Este planteamiento es también novedoso cuando se pasa a evaluar en la práctica ese margen de apreciación, porque su pronunciamiento desarrolla un conjunto de obligaciones que deberá marcar la hoja de ruta climática del Estado demandado: deberán adoptar medidas generales especificando un calendario objetivo de reducción de emisiones para alcanzar la neutralidad en emisiones y un presupuesto total de carbono restante para el mismo periodo, o en su defecto un método equivalente de cuantificación de las emisiones futuras de acuerdo con los objetivos generales de los compromisos de mitigación adquiridos; establecer objetivos intermedios de reducción de emisiones que cumplan, en principio, con los objetivos nacionales de reducción de emisiones en los plazos establecidos en las políticas internas; proporcionar pruebas que demuestren que se cumplen debidamente o se está en proceso de cumplir con los objetivos de reducción marcados; mantener actualizados con la debida diligencia los objetivos de reducción de emisiones de acuerdo con la mejor evidencia científica; y actuar en tiempo y de forma apropiada y coherente a la hora de diseñar y aplicar la legislación y las medidas pertinentes.[79]

---

77   Al respecto, F. Jiménez García, «Cambio climático antropogénico, litigación climática y activismo judicial: hacia un consenso emergente de protección de derechos humanos y generaciones futuras respecto a un medio ambiente sano y sostenible», *REEI*, 46 (2023), p. 46.
78   § 543.
79   § 550.

Esta parte de la sentencia nos recuerda a lo que podemos encontrar en un procedimiento de sentencia piloto, donde el margen de decisión se reduce por la indicación de medidas generales específicas que deberán guiar la actuación legislativa estatal, condicionando de este modo la libertad de la acción normativa.[80] No obstante, el Estado sigue siendo el que elegirá los medios para cumplir con las obligaciones positivas.[81] De hecho, el propio Tribunal reconoce que hará una evaluación global a la hora de verificar el cumplimiento de las exigencias marcadas anteriormente, de modo que las deficiencias en alguno de ellas no supondrán que el margen de apreciación sea excedido.[82] Y nos recuerda, en el último de sus párrafos, no solo el carácter declarativo de sus sentencias, sino que, por la complejidad y la naturaleza de las cuestiones en juego, no debe detallar las medidas específicas que deben adoptarse.[83]

De todas las medidas indicadas, la exigencia de establecer un presupuesto de carbono u otro método equivalente es a mi entender la más controvertida, sobre todo si lo analizamos a la luz de las obligaciones derivadas del Acuerdo de París. Cabe recordar que ese tratado introdujo un enfoque *botton up* a la hora de configurar los compromisos de mitigación, abandonando el anterior modelo (Protocolo de Kioto), basado en obligaciones cuantificadas de limitación y reducción de emisiones, por la oposición de una mayoría de Estados.[84] Ahora, en cambio, el régimen jurídico

---

80   J. Abrisketa Uriarte, «Las sentencias piloto: el Tribunal Europeo de Derechos Humanos, de juez a legislador», *Revista Española de Derecho Internacional,* LXV/1 (2013), p. 83.
81   Al respecto, E. Guillén López, «Ejecutar en España las sentencias del Tribunal Europeo de Derechos Humanos. Una perspectiva de Derecho Constitucional europeo», *Teoría y Realidad Constitucional,* 42 (2018), p. 357; A. Queralt Jiménez, «Las sentencias piloto como ejemplo paradigmático de la transformación del Tribunal Europeo de Derechos Humanos», *Teoría y Realidad Constitucional,* 42 (2018), p. 420; S. Vezzani, «L'attuazione delle sentenze della Corte europea dei diritti dell'uomo che richiedono l'adozione di misure a portata generale», en L. Cassetti (coord.), *Diritti, principi e garanzie sotto la lente dei giudici di Strasburgo,* Nápoles, Editorial Jovene, 2012, pp. 43-74.
82   § 551.
83   § 657.
84   S. Salinas Alcega, «El Acuerdo de París de diciembre de 2015: la sustitución del multilateralismo por la multipolaridad de la cooperación climática internacional», *Revista Española de Derecho Internacional,* 70 (1) (2018), p. 69.

internacional climático contempla una obligación de comportamiento cuya herramienta principal son las *contribuciones determinadas a nivel nacional* (CDNN),[85] diseñada con un amplio margen de discrecionalidad, sin precisarse un determinado resultado.[86] Esto no quiere decir que carezcan de relevancia, pues recogen elementos de un estándar de debida diligencia y contienen una «firme expectativa» de cómo deben comportarse las Partes.[87]

Pues bien, el Tribunal considera que los presupuestos de carbono, que sirven para establecer límites o niveles máximos estatales que no se deben sobrepasar para alcanzar la neutralidad climática, no pueden en este caso compensarse con las *contribuciones determinadas a nivel nacional,* llegando a la conclusión de que existían lagunas en el marco regulatorio exigible por la falta de cuantificación de las limitaciones de emisiones de gases de efecto invernadero.[88] En cierta medida, lo que hace el Tribunal es volver a un enfoque basado en un acuerdo prescriptivo *top-down,* de igual modo a como lo hace la Unión Europea en su Reglamento 2021/1119 por el que se establece el marco para lograr la neutralidad climática, en la medida en que establece un objetivo vinculante a largo plazo y un presupuesto indicativo de gases de efecto invernadero.[89] Habrá que esperar de todos modos si esta decisión solo es aplicable al caso concreto o se va a extrapolar a otros Estados que no siguen el modelo comunitario.

---

85   A. Rodrigo, «El acuerdo de París sobre el cambio climático: entre la importancia simbólica y la debilidad sustantiva», en C. Martínez Capdevila y E. Martínez Pérez (dirs.), *Retos para la acción exterior de la Unión Europea,* Valencia, Tirant lo Blanch, 2017, pp. 418 y ss.

86   R. Giles Carnero, *El régimen jurídico internacional en materia de cambio climático. Dinámica de avances y limitaciones,* Cizur Menor, Aranzadi, 2021, p. 129.

87   C. Voig, «The power of the Paris Agreement in international climate litigation», *Review of European, Comparative & International Environmental Law,* 32 (3) (2023), p. 239.

88   § 573.

89   Reglamento (UE) 2021/1119 del Parlamento Europeo y del Consejo de 30 de junio de 2021 por el que se establece el marco para lograr la neutralidad climática y se modifican los Reglamentos (CE) n.º 401/2009 y (UE) 2018/1999 («Legislación europea sobre el clima»), DO L 243 de 9 de julio de 2021.

6. A modo de conclusión: el desarrollo de la dimensión colectiva de los derechos ante los efectos adversos graves del cambio climático

La primera aproximación del Tribunal al fenómeno del cambio climático ha supuesto, pese a que su decisión se basa en la jurisprudencia ambiental de los últimos decenios, un giro sustancial en las condiciones de admisibilidad y en el contenido de las obligaciones positivas sustantivas, sin una clara explicación de cuál ha sido la violación específica y concreta de los derechos fundamentales afectados, lo que refleja tácitamente la *vis colectiva* que tienen los problemas del cambio climático.[90]

Parece que deja de ser, al menos en este caso, un mecanismo de protección de derechos individuales, para convertirse realmente en un sistema de intereses colectivos. Y es que en la práctica casi todos los individuos se ven afectados por el cambio climático, de modo que las medidas de mitigación que se tomen a la luz de las nuevas exigencias marcadas por el Tribunal también beneficiarán a todos.[91] No en vano, nos encontramos con un instrumento constitucional del orden público europeo,[92] cuyo mandato no es solo proporcionar una satisfacción individual, sino también desarrollar las normas del Convenio, aplicándolo a situaciones no previstas originalmente, a fin de satisfacer, mediante su teoría de las obligaciones positivas, el goce efectivo de los derechos reconocidos a toda persona que se encuentre bajo su jurisdicción.[93] Por tanto, como parece ser el caso, ha decidido abordar asuntos basados en razones público-políticas, en virtud del interés general, con el objetivo de elevar los estándares generales de protección de los derechos humanos.[94]

---

90   C. Plaza Martín, «De los niños de los Andes a las ancianas de los Alpes: nuevos hitos en la protección del medio ambiente y frente al cambio climático a través de los derechos humanos», *Revista Española de Derecho Europeo,* 91 (2024), p. 55.
91   Opinión parcialmente concordante y parcialmente disidente del juez Garlicki, *Öcalan c. Turquía* [GS], n.º 46221/99, de 12 de mayo de 2005, § 4.
92   *Loizidou c. Turquía* (objeciones preliminares), n.º 15318/89, § 75, de 23 de marzo de 1995.
93   J. A. Carrillo Salcedo, *El Convenio Europeo de Derechos Humanos,* Madrid, Tecnos, 2003, p. 21.
94   *Konstantin Markin c. Rusia,* n.º 30078/06, § 39, 7 de octubre de 2010.

Es indudable además que, por el efecto de cosa interpretada, las autoridades del resto de Estados europeos deberán adecuar su regulación a los nuevos criterios desarrollados en su jurisprudencia, lo que contribuirá a una reducción mayor de emisiones de gases de efecto invernadero. No obstante, a tenor de la contribución a las emisiones globales (en el caso de Suiza es del 0,18 %), y ante la ausencia, por ahora, de litigios equivalentes en otros ámbitos geográficos, sobre todo en los principales países emisores, la mitigación de los perjuicios causados en los derechos humanos afectados no será muy relevante.[95] Además, queda por ver cómo se supervisará la sentencia por el Comité de Ministros. Una tarea nada fácil, dada la naturaleza política del mecanismo de control de la ejecución y las enormes complejidades científicas y probatorias del cambio climático antropogénico,[96] que puede conllevar a un aplazamiento en la protección de los derechos ante un problema de máxima urgencia por resolver.

Puede, desde luego, tener un impacto indirecto, pues como otros litigios climáticos, eminentemente estratégicos, servirá seguramente para ensayar líneas argumentativas para futuras demandas.[97] De hecho, se habla de la influencia de estos pronunciamientos en el plano nacional, sobre todo en el poder judicial, al aportar nuevos razonamientos para que puedan prosperar acciones judiciales internas, por ejemplo, las que se presenten en el marco de las reclamaciones de responsabilidad patrimonial de la Administración por la actuación de las autoridades correspondientes.[98] Dicho pronunciamiento, además, será seguramente tenido en cuenta por el Tribunal Constitucional español, que se tendrá que pronunciar sobre cómo el cambio climático afecta a los derechos fundamentales. Y es que ha admitido a trámite el recurso de amparo que presentó Greenpeace, entre otras organizaciones, contra la decisión del Tribunal Supremo de rechazar sus impugnaciones contra el Plan Nacional Integrado de Energía y Clima 2021-2030 (PNIEC), donde se solicitaba que se anulase parcialmente la revisión de los objetivos para no superar

---

95 Con detalle, S. Salinas Alcega, «Litigación climática en Estrasburgo. Obstáculos y aportes del derecho a un clima estable desde la perspectiva del esfuerzo de mitigación», *Revista Española de Derecho Europeo,* 92 (2024), pp. 127-129.
96 *Ibid.,* pp. 122 y ss.
97 A. Moreno Molina, *El derecho del cambio climático, op. cit.,* p. 541.
98 S. Salinas Alcega, «Litigación climática en Estrasburgo…», *op. cit.,* p. 126.

1,5 grados de incremento de temperatura global, y que en ningún caso la reducción de emisiones, para el mencionado periodo, fuese inferior al 55 % en 2030 respecto de 1990.[99]

Aunque se ha apuntado que esta decisión puede suponer una carga de trabajo adicional, creo que el Tribunal, por el contrario, está cerrando el frigo para limitar el flujo de quejas en el contexto del cambio climático porque, por una parte, fija rigurosas exigencias para las solicitudes individuales, rescatando la jurisprudencia más restrictiva en la materia. Por otra parte, advierte que no se va a permitir restricciones al acceso a los tribunales de las asociaciones, pues en caso contrario es posible que sea el propio Tribunal el que en primera instancia revise el marco normativo climático que, como hemos visto, deja poco margen de apreciación a los Estados.[100] Pues bien, no sería sorprendente que veamos en los próximos años una reducción paulatina de los obstáculos procesales para presentar acciones en el contexto del cambio climático en el ámbito interno, que supondrá también una reducción importante del número de quejas presentadas ante este Tribunal relativas a la mitigación. No obstante, quedan aún por resolver demandas con características novedosas desde esta perspectiva, sin olvidar que otras incidirán en aspectos procedimentales y, sobre todo, en cuestiones relativas al alcance de las medidas de adaptación, que el Tribunal en este caso no estudió.

---

99   Sentencia 1079/2023, de 24 de julio de 2023, de la Sección Quinta de la Sala de lo Contencioso Administrativo del Tribunal Supremo (Rec. 162/2021).
100   Opinión parcialmente concurrente y disidente del juez Eicke, § 50.

5.
LITIGACIÓN CLIMÁTICA Y APLICACIÓN EXTRATERRITORIAL DE LA CONVENCIÓN: CONSIDERACIONES EN TORNO AL CONTROL EFECTIVO Y AL PAPEL DEL TRIBUNAL COMO JUEZ (UNIVERSAL) DEL CLIMA

Sergio Salinas Alcega[1]

1. Introducción

La presentación del *Primer balance mundial* con ocasión de la COP 28, en diciembre de 2023, venía a confirmar la insuficiencia de la reacción contra el cambio climático, planteando la exigencia de una intensificación del esfuerzo de los Estados en materia de reducción de emisiones de gases de efecto invernadero (GEI).[2] La litigación climática se presenta como un

1 Catedrático de Derecho Internacional Público en la Universidad de Zaragoza. Miembro del Grupo de Investigación Agua, Derecho y Medio Ambiente (AGUDEMA) y del Instituto Universitario de Ciencias Ambientales (IUCA) de la Universidad de Zaragoza.

Este estudio se enmarca en el proyecto de I+D+i PID2021-124296NB-I00 financiado por MCIN/AEI/10.13039/501100011033 y por FEDER «Una manera de hacer Europa» y en el proyecto de I+D+i TED2021-130264B-I00, financiado por MCIN/AEI/10.13039/501100011033/ y por Unión Europea NextGenerationEU/PRTR. Asimismo, debe entenderse como parte de las actuaciones que el Grupo de Investigación AGUDEMA (Agua, Derecho y Medio Ambiente, Grupo de referencia competitivo S2117 R, *BOA* 81, de 27 de marzo de 2018), desarrolla con financiación del Gobierno de Aragón en el seno del Instituto Universitario de Ciencias Ambientales (IUCA).

2 Este documento advierte de la necesidad de una reducción profunda, rápida y sostenida de las emisiones de GEI para cumplir los objetivos del Acuerdo de París. E incluso se

instrumento alternativo que coadyuve a ese propósito, sirviendo como una posible vía de superación del callejón sin salida al que, al menos hasta el momento, ha conducido la acción en los planos político y legislativo.

La litigación climática puede considerarse como un fenómeno reciente, que surge a mediados de la segunda década de este siglo, con ejemplos pioneros como la sentencia del Tribunal de Distrito de La Haya de 24 de junio de 2015 en el asunto *Urgenda c. Países Bajos,* que constituye uno de los primeros hitos relevantes.[3] Pero eso no obsta que pueda constatarse una evolución de ese fenómeno que tiene como uno de sus últimos desarrollos su conexión con los derechos humanos, sobre la base del indiscutible impacto que el cambio climático tiene, y tendrá más si cabe en el futuro, sobre el disfrute de esos derechos.

A la vista de esa evolución, era de esperar que tarde o temprano la litigación climática llegase al sistema de protección creado por la Convención Europea de Derechos Humanos (la Convención). Los rasgos principales de este sistema, en concreto su naturaleza judicial y el acceso directo del individuo al Tribunal Europeo de Derechos Humanos (el Tribunal), confieren a la posición adoptada por este en esos litigios climáticos un efecto amplificador del papel del Juez, tanto internacional como interno,[4] en ese proceso de

---

cuantifica ese mayor esfuerzo de mitigación, fijando un 43 % en 2030 y un 60 % en 2035, con respecto a los niveles de 2019, para alcanzar el cero neto en emisiones para 2050. Decisión 1/CMA.5. *Resultado del primer balance mundial.* FCCC/PA/CMA/2023/16/Add.1, 15 de marzo de 2024, pp. 4 y ss., especialmente § 28. Disponible en: <https://documents. un.org/doc/undoc/gen/g24/045/02/pdf/g2404502.pdf>.

3   Sentencia que condenaba al Gobierno de ese Estado a reducir sus emisiones de GEI en un 25 % en 2020, en relación con 1990, y que era confirmada por sentencia del Tribunal Supremo neerlandés de 20 de diciembre de 2019. Al respecto véase, por ejemplo, M. Martínez Martínez, «Algunas cuestiones controvertidas sobre la actuación directa de los particulares exigiendo responsabilidad y protección contra el cambio climático a los Estados (al hilo del caso Urgenda contra el Estado holandés)», en S. Salinas Alcega (dir.), *La lucha contra el cambio climático. Una aproximación desde la perspectiva del Derecho,* Valencia, Tirant lo Blanch, 2020, pp. 323 y ss.

4   La influencia del Tribunal sobre la litigación climática a nivel interno en los Estados parte de la Convención es esgrimida por los demandantes en el asunto *Duarte Agostinho,* al solicitar que, a la vista del carácter inédito y de la naturaleza supranacional de las cuestiones planteadas, el Juez de Estrasburgo proporcione orientaciones a esos Estados acerca de sus obligaciones en relación con el cambio climático. Lo que, como recuerdan también los demandantes, tendrá un retorno positivo en el funcionamiento del

superación de la insuficiencia de la acción en los planos político y legislativo para lograr la necesaria intensificación del esfuerzo de mitigación por parte de los Estados. Pero al mismo tiempo esos rasgos del sistema europeo de protección de derechos exigen al Tribunal tomar en consideración una serie de factores y garantizar ciertos equilibrios que condicionan su aproximación a la cuestión del reconocimiento de un eventual derecho al clima. Esa circunstancia, que no se plantea en otros contextos o ante otros órganos internacionales de protección de derechos humanos tal como se verá más adelante, es un elemento relevante a la hora de valorar la contribución que del Tribunal puede esperarse al progreso de la litigación climática y a la consideración de esta como una herramienta útil para avanzar en el esfuerzo de mitigación y articular una reacción efectiva frente al cambio climático.

Es precisamente esa necesidad de respetar ciertos equilibrios en su aproximación a estos asuntos climáticos lo que hace que, tal como apunta la profesora Burgorgue-Larsen en su contribución a este mismo volumen, el Tribunal deba ser al mismo tiempo, prudente y audaz. La audacia, que se materializa en el reconocimiento de un derecho a un clima estable deducido jurisprudencialmente del artículo 8 de la Convención,[5] se *compensa* con la prudencia a la hora de definir el contenido y alcance de ese derecho, tratando de minimizar su impacto negativo en el funcionamiento del sistema en su conjunto.

Esa prudencia del Tribunal se materializa en su aproximación a distintos elementos del procedimiento en Estrasburgo cuya toma en consideración se suscita en esos litigios climáticos, entre los que se incluye la

---

sistema de la Convención en la medida en que la mayor capacidad de los Jueces nacionales para resolver los asuntos climáticos que les puedan llegar, como consecuencia de las orientaciones recibidas de Estrasburgo, reducirá el riesgo de una avalancha de asuntos ante el Tribunal. Decisión del TEDH de 9 de abril de 2024, *Duarte Agostinho and others v. Portugal and 32 other States* [GC], Demanda n.º 39371/20 (ECLI:CE:ECHR:2024:0409D EC003937120), § 133.

5   Que el Tribunal lleva a cabo en su sentencia en el asunto *Verein KlimaSeniorinnen*, en la que se reconoce, como incluido en el citado artículo 8 de la Convención, el derecho de cualquier individuo a una protección efectiva, por las autoridades del Estado, contra los graves efectos adversos del cambio climático sobre su vida, su salud, su bienestar y su calidad de vida. Sentencia del TEDH de 9 de abril de 2024, *Verein KlimaSeniorinnen Schweiz and others v. Switzerland* [GC], Demanda n.º 53600/20 (ECLI:CE:ECHR:2024:0409JUD005360020), § 519 y 544.

posibilidad de la aplicación extraterritorial de la Convención; además de
otros como la exigencia del previo agotamiento de los recursos internos
o el reconocimiento de la calidad de víctima de los demandantes. La
cuestión de la aplicación extraterritorial de la Convención se plantea de
forma específica en la Decisión de inadmisibilidad relativa al asunto
Duarte Agostinho, en la que se define la posición del Tribunal en esta materia, señalando el camino a seguir en el caso de nuevos asuntos climáticos
en los que esa misma cuestión vuelva a plantearse.[6] En realidad, el valor de
la Decisión del Tribunal en el asunto *Duarte Agostinho* como precedente
va más allá de las circunstancias concretas del mismo, puesto que aunque
en esta ocasión el ámbito geográfico de esa eventual aplicación extraterritorial no excede el espacio legal de la Convención,[7] la aproximación observada por el Tribunal debe entenderse como extensible a asuntos en los que
esa aplicación extraterritorial involucre a personas residentes en Estados
que no son Parte del sistema.[8]

---

6   De hecho, la aplicación extraterritorial de la Convención en el caso de los litigios
climáticos se plantea en otras Demandas ya presentadas ante el Tribunal, como las relativas a los asuntos *Uricchio v. Italy and 32 other States* (Demanda n.º 14615/21), *De Conto
v. Italy and 32 other States* (Demanda n.º 14620/21) y *Soubeste and others v. Austria and
11 other States* (Demanda n.º 31925/22).

7   Inicialmente eran hasta 32 los Estados demandados en este asunto, todos ellos Parte de la Convención. No obstante, durante la audiencia pública ante la Gran Sala los demandantes retiraron la Demanda contra Ucrania para evitar retrasos procesales derivados de la
ampliación de los plazos causados por el conflicto armado que afecta a este Estado. En
cuanto a Rusia, también incluida entre los Estados demandados, su salida del Consejo de
Europa y del sistema de la Convención, desde el 16 de septiembre de 2022, limita la competencia del Tribunal a hechos anteriores a esa fecha. Decisión del TEDH de 9 de abril de
2024, *Duarte Agostinho…, cit.,* par. 158 y ss.

8   Esa posibilidad de ampliar la aplicación extraterritorial de la Convención más allá
del límite de los Estados Parte era admitida por el Tribunal, en su sentencia en el asunto
Al-Skeini, al interpretar que la concepción estrictamente territorial del espacio legal de la
Convención que la Gran Sala exponía en su Decisión en el asunto *Banković,* limitando al
territorio de los Estados Parte el objetivo loable de evitar el vacío lamentable en la protec-
ción de los derechos humanos, no implica que la jurisdicción conforme al artículo 1 no
pueda existir nunca fuera del territorio de los Estados miembros del Consejo de Europa.
Sentencia del TEDH de 7 de julio de 2011, *Al-Skeini and others v. The United Kingdom*
[GC], Demanda n.º 55721/07 (ECLI: CE:ECHR:2011:0707JUD005572107), § 142 y
Decisión sobre la admisibilidad de la Demanda n.º 52207/99, *Banković and others v.
Belgium and others* [GC], de 12 de diciembre de 2001 (ECLI:CE:ECHR:2001:1212D
EC005220799), § 80.

Descrito de manera sintética, lo que el Tribunal valora en el asunto *Duarte Agostinho* es la posibilidad de que una persona pueda presentar una Demanda contra un Estado distinto de aquel en el que reside, incluso aunque este no sea Parte de la Convención, al considerar que la inacción, o la acción insuficiente, de ese Estado en el plano de la adopción de medidas contra el cambio climático conlleva un perjuicio para sus derechos.

Este estudio pretende analizar la aproximación del Tribunal en relación con esa posibilidad de aplicación extraterritorial de la Convención, tomando como punto de referencia para el análisis dos cuestiones evocadas por los argumentos presentados por los demandantes. La primera cuestión es la posible aplicación del concepto de *control efectivo,* elemento central de la jurisprudencia del Tribunal en relación con la aplicación extraterritorial de la Convención, en el caso de los litigios climáticos, y las consecuencias que de ello resultan. La segunda cuestión se refiere a la llamada que en la Demanda se hace al Tribunal para que se sume a la tendencia existente en Derecho internacional, y seguida ya por otros órganos internacionales de protección de los derechos humanos, de reforzar el papel de la litigación climática, entendida como ya se apuntó al comienzo como vía de superación de la insuficiencia de la reacción al cambio climático en los planos político y legislativo, especialmente en relación con la intensificación del esfuerzo de mitigación.

No obstante, antes de entrar en el análisis *stricto sensu* de ambas cuestiones es conveniente encuadrar los litigios climáticos en el contexto de la jurisprudencia del propio Tribunal en materia de aplicación extraterritorial de la Convención. Una vez sentada de forma sintética esa *teoría general* en la materia se abordará su aplicación al caso concreto de los litigios climáticos, teniendo en cuenta las peculiaridades de este tipo de asuntos.

2. Particularidades de la aplicación extraterritorial de la Convención en el caso de los litigios climáticos

Los Jueces de Estrasburgo han desarrollado progresivamente una jurisprudencia que, más allá de ciertas críticas por su incoherencia y casuismo a las que se hará mención más adelante, entiende el concepto de *jurisdicción* del artículo 1 de la Convención en un sentido principalmente territorial, planteando por tanto la posibilidad de aplicación extraterritorial como una excepción, que debe interpretarse de forma restrictiva y justificarse en función de las circunstancias del caso.[9] A continuación se hará referencia de forma sintética a los elementos principales de esa jurisprudencia, con atención particular al concepto de la autoridad o control efectivo.

2.1. Aplicación extraterritorial de la Convención como excepción fundada en la autoridad o control efectivo del Estado Parte

La mencionada consideración de la aplicación extraterritorial de la Convención como excepción no obsta que la aceptación de la misma cuente con una larga tradición jurisprudencial de los órganos del sistema de la Convención, con pronunciamientos tempranos tanto de la Comisión Europea de Derechos Humanos como del propio Tribunal, admitiendo la responsabilidad, en ciertas circunstancias, de un Estado Parte por actos cometidos fuera de su territorio nacional.[10] De esa forma, el Tribunal ha ido dibujando una aproximación a la aplicación extraterritorial de la Convención que tiene la idea de autoridad o control efectivo del Estado Parte concernido como fundamento, pudiendo citar como referencia, por su carácter pionero, la sentencia de la Gran Sala en el asunto *Loizidou*.[11]

No obstante, se apuntaba anteriormente que la jurisprudencia de Estrasburgo en esta materia se enfrenta a críticas que le atribuyen cierta incoherencia y casuismo, lo que como se verá más tarde no está exento de

---

9   Respecto de la posición del Tribunal en relación con el sentido del concepto de *jurisdicción* puede citarse, por ejemplo, su Decisión sobre la admisibilidad de la Demanda n.º 52207/99, *Banković..., op. cit.,* § 59-61.

10   Teniendo como una de sus primeras manifestaciones la Decisión de la Comisión de 25 de septiembre de 1965, *X v. The Federal Republic of Germany,* Demanda n.º 1611/62 (ECLI:CE:ECHR:1965:0925DEC000161162). Por lo que se refiere al Tribunal, uno de los primeros ejemplos de su posición al respecto es su sentencia en el asunto *Drozd and Janousek,* en la que se afirma que la responsabilidad de los Estados Parte de la Convención puede comprometerse también por actos de sus autoridades que producen efectos fuera de su territorio. Sentencia del TEDH de 26 de junio de 1992, *Drozd and Janousek v. France and Spain,* Demanda n.º 12747/87 (ECLI:CE:ECHR:1992:0626JUD001274787), § 91.

11   En la que expresamente se afirma la posibilidad de que un Estado Parte vea comprometida su responsabilidad como consecuencia de una acción militar —legal o ilegal— cuando ejerce en la práctica el control de una zona situada fuera de su territorio nacional. Sentencia del TEDH de 23 de marzo de 1995, *Loizidou v. Turkey (preliminary objections),* Demanda n.º 15318/89 (ECLI:CE:ECHR:1995:0323JUD001531889), § 62.

relevancia por lo que se refiere a la aplicación extraterritorial de la Convención en el caso de los litigios climáticos. De acuerdo con esas críticas, en determinados asuntos complejos el contexto influye en la posición del Tribunal, normalmente orientándolo hacia una aproximación más restrictiva respecto a esa posibilidad de aplicación extraterritorial de la Convención. Un ejemplo destacado a ese respecto es el asunto *Banković* ya apuntado, si bien pueden encontrarse otros más recientes como el asunto *Georgia c. Rusia (II)*, en el que se vuelve a poner de manifiesto esa interpretación restrictiva de la posible aplicación extraterritorial de la Convención.[12] En esos casos el contexto que condiciona la aproximación del Tribunal a esta cuestión tiene principalmente una connotación política y social, y guarda relación con la comprensión que tanto los Estados miembros como sus sociedades podrían tener de una eventual sentencia del Tribunal admitiendo esa aplicación extraterritorial.

En cualquier caso, más allá de esos supuestos en los que el contexto conduce a aproximaciones restrictivas del Tribunal, puede afirmarse, como ya se señaló, que la aplicación extraterritorial de la Convención resulta admitida como supuesto excepcional, en caso de concurrencia de determinadas circunstancias y con la autoridad o el control efectivo como fundamento principal. El Tribunal identifica dos vías a través de las que entra en juego esa autoridad o control efectivo del Estado respecto del que se pretende esa aplicación extraterritorial, apuntando a su proyección sobre una zona, o su ejercicio por sus agentes sobre personas, más allá del territorio sobre el que dicho Estado ejerce su soberanía.[13]

A esa doble posibilidad de aplicación extraterritorial siguiendo el modelo espacial o personal, la jurisprudencia del Tribunal ha añadido otra vía conectada con las obligaciones procedimentales que resultan del artículo 2 de la Convención.[14] En consecuencia, la referencia a la jurisdicción territorial

---

12   Sentencia del TEDH de 21 de enero de 2021, *Georgia v. Russia (II)* [GC], Demanda n.º 38263/08 (ECLI:CE:ECHR:2021:0121JUD003826308), § 81 y ss.
13   Véase, por ejemplo, sentencia del TEDH de 7 de julio de 2011, *Al-Skeini…*, *op. cit.*, § 133 y ss.
14   Véanse las sentencias del TEDH de 16 de febrero de 2021, *Hanan v. Germany* [GC], Demanda n.º 4871/16 (ECLI:CE:ECHR:2021:0216JUD000487116), § 142 y de 28 de febrero de 2022, *Carter v. Russia,* Demanda n.º 20914/07 (ECLI:CE:ECHR:2021 :0921JUD002091407), § 131 y ss.

debe entenderse como alusiva a que el ejercicio *normal,* en el sentido de más habitual, de la misma por un Estado tiene lugar en su propio territorio, pero sin que de ello resulte en modo alguno una exclusión de la aplicación extraterritorial si se reúnen las circunstancias adecuadas.

Una vez apuntados de forma sintética los elementos principales de la jurisprudencia del Tribunal en esta materia, y antes de entrar en el estudio de su aplicación a los litigios climáticos, es conveniente advertir de la evolución experimentada no solo en el sistema de la Convención, sino también en otros marcos, hacia una reducción del nivel de intensidad exigido en relación con dicha autoridad o control efectivo para que pueda dar lugar a la aplicación extraterritorial de los tratados de derechos humanos. A esa tendencia se refiere Enrique Martínez, identificando dos planos de erosión de ese criterio: la aceptación de situaciones de control temporal y la existencia de control sin contacto directo.[15]

Los riesgos que resultan de esa reducción de la intensidad de la autoridad o control efectivo, con el consiguiente incremento de supuestos en los que es posible la aplicación extraterritorial de la Convención, han llevado a que se plantee la necesidad de fijar un umbral mínimo en cuanto al nivel de la autoridad o control efectivo que ejerce el Estado concernido.[16] Esta aproximación tiene ya su traslación a la jurisprudencia del propio Tribunal, pudiendo citar a este respecto la Decisión de inadmisibilidad en

---

15   E. J. Martínez Pérez, «Más allá del tradicional enfoque del control efectivo: los renovados vínculos jurisdiccionales que justifican la aplicación extraterritorial de los tratados internacionales de derechos humanos», *Revista Electrónica de Estudios Internacionales,* 46 (2023), p. 176. E igualmente Joan David Janer recuerda cómo, desde *Banković,* el Tribunal ha ido rebajando gradualmente el umbral necesario para determinar la existencia de un control efectivo ejercido por los Estados Parte. J. D. Janer Torrens, *Conflictos territoriales y Convenio Europeo de Derechos Humanos,* Cizur Menor, Aranzadi, 2023, p. 67.

16   En esa línea Yuval Shani propone exigir una causalidad directa, en sentido positivo o negativo, entre el acto del Estado y la violación de los derechos, que limite la responsabilidad de aquel por las consecuencias remotas de sus actos u omisiones. Y. Shani, «Taking Universality Seriously: A Functional Approach to Extraterritoriality in International Human Rights Laws», *Law & Ethics of Human Rights,* 7 (2013), p. 47. Propuesta esta de la causalidad directa que, como se desarrollará más tarde, parece especialmente relevante en el caso de los impactos del cambio climático en los derechos humanos.

el asunto *M. N. y otros c. Bélgica,*[17] directamente conectada con el asunto *Duarte Agostinho* al haber sido alegada por los demandantes y tomada en consideración por el propio Tribunal, eso sí con aproximaciones no coincidentes en ambos casos.[18]

En ese asunto los Jueces de Estrasburgo dejan claro que para considerar que puede darse la existencia de jurisdicción extraterritorial de un Estado el nexo que une el comportamiento de este y el perjuicio a los derechos del particular tiene que superar un umbral mínimo. De hecho, en esa ocasión el Tribunal concluye que no basta el mero impacto de decisiones adoptadas a nivel nacional en la situación de los demandantes residentes en el extranjero para concluir que estos se encuentran sometidos a la jurisdicción del Estado demandado, conforme al artículo 1 de la Convención.[19]

---

17   Decisión del TEDH sobre la admisibilidad de la Demanda n.º 3599/18, *M. N. and others v. Belgium* [GC], de 5 de mayo de 2020 (CE:ECHR:2020:0505DEC000359918), § 112.

18   Los demandantes se refieren a esa Decisión como ejemplo de la posibilidad de que se establezca la jurisdicción extraterritorial en circunstancias excepcionales, siempre que exista un nexo fáctico y jurídico suficiente. Así, aunque reconocen que en la actualidad ni los daños ambientales transfronterizos ni el cambio climático se incluyen entre esas circunstancias excepcionales, argumentan que la lista de excepciones no es exhaustiva y es susceptible de evolucionar. Por su parte, el Tribunal se refiere a esta Decisión señalando que en ella se afirmaba que su labor en relación con la investigación de la concurrencia de circunstancias excepcionales que justifiquen la aplicación extraterritorial de la Convención consiste en explorar la naturaleza del nexo existente entre demandantes y Estado demandado y determinar si este ha ejercido efectivamente su autoridad o control sobre aquellos. Decisión del TEDH de 9 de abril de 2024, *Duarte Agostinho...*, *op. cit.*, § 122 y 169, respectivamente, respecto de los demandantes y el Tribunal.

19   Conclusión que el Tribunal repite en su sentencia en el asunto *H. F. y otros*, en la que ni la iniciación de procedimientos ante los tribunales internos ni la nacionalidad de los demandantes se consideran como nexos suficientes para concluir la jurisdicción extraterritorial del Estado Parte. Sentencia del TEDH de 14 de septiembre de 2022, *H. F. and others v. France* [GC], Demandas n.ᵒˢ 24384/19 y 44234/20 (ECLI:CE:ECHR:2022:09 14JUD002438419), § 198. Esta sentencia es también esgrimida por los demandantes y el Tribunal en el asunto *Duarte Agostinho*, pero mientras aquellos aluden a ella en relación con el examen de las circunstancias excepcionales que pueden concurrir en este asunto, el Tribunal la toma en consideración para reiterar su conclusión de que el mero impacto de una decisión, o como en este supuesto de la capacidad del Estado para adoptarla, aunque no lo hiciera, en los demandantes no es suficiente para considerar a estos sometidos a su jurisdicción. Decisión del TEDH de 9 de abril de 2024, *Duarte Agostinho...*, *op. cit.*, § 121 y 126 y 184, respectivamente, respecto de los demandantes y el Tribunal.

Puede, por tanto, afirmarse que, aunque no exenta de críticas y debate incluso en el seno interno del propio Tribunal, tal como pone de manifiesto el conjunto de Opiniones disidentes y concordantes de distintos Jueces que acompañan a algunas de sus sentencias en esta materia, la aplicación extraterritorial se ve como un modelo posible, aunque excepcional, de aplicación de la Convención. Sin embargo, los rasgos distintivos del cambio climático hacen que se plantee alguna cuestión particular que condiciona la aproximación del Tribunal a esta cuestión. A continuación se analizará de qué forma se aborda esa solicitud de aplicación extraterritorial en el asunto *Duarte Agostinho,* y por extensión en el caso de los litigios climáticos.

2.2. Aplicación extraterritorial de la Convención en el caso de los litigios climáticos

En último término puede estimarse que la aplicación extraterritorial de la Convención tiene relación directa con la coherencia de los Estados Parte en cuanto al respeto de los derechos humanos tanto en su plano interno como en su acción exterior, lo que en términos absolutos no puede valorarse más que de forma positiva.[20] Sin embargo, ese argumento presenta elementos distintivos en relación con los litigios climáticos, en la medida en que la naturaleza del cambio climático hace que esa aplicación extraterritorial conlleve consecuencias que no existen, o al menos no en la misma medida, en otros tipos de asuntos, lo que exige un análisis específico de la cuestión en este caso.

Es decir que, como ya se señaló con anterioridad en relación con ciertos tipos de asuntos, también en los litigios climáticos el contexto tiene su influencia en la aproximación del Tribunal a la aplicación extraterritorial de la Convención. Pero, a diferencia de esos otros asuntos referidos anteriormente —*Banković* o *Georgia contra Rusia (II)*—, en este caso ese contexto no se

---

20 A la valoración positiva de esa coherencia, o más bien a la negativa de la falta de ella, se refería el Juez Bonello, en su Opinión concurrente a la sentencia del Tribunal en el asunto *Al-Skeini*, rechazando un respeto de los derechos humanos *a la carta*, y calificando el doble rasero mostrado por algunos Estados Parte, en este caso el Reino Unido, como un comportamiento propio de *caballeros en casa y matones en el exterior.* Opinión concurrente del Juez Bonello en la sentencia del TEDH de 7 de julio de 2011, *Al-Skeini...*, *op. cit.,* § 18.

refiere a las circunstancias políticas y sociales en las que se enmarca el pronunciamiento del Tribunal sino a los rasgos distintivos del problema de fondo, y de forma principal a su carácter global, unido a la naturaleza difusa de sus causas, si bien sobre esta cuestión se volverá más adelante.

Al análisis de la influencia de ese contexto en la aproximación de los Jueces de Estrasburgo a la aplicación extraterritorial en estos asuntos climáticos dedicaremos las páginas siguientes, pero antes debe advertirse que tanto el Tribunal, como previamente los propios demandantes,[21] reconocen la imposibilidad de aplicar los tres modelos antes señalados como habilitantes para justificar la aplicación extraterritorial de la Convención. En efecto, para el Tribunal nada indica que alguno de los Estados demandados haya ejercido, de manera alguna, un control efectivo sobre una zona situada fuera de su territorio nacional, ni sobre los demandantes. A lo que añade que tampoco es aplicable el tercer motivo identificado como válido para la aplicación extraterritorial, como es el que se refiere a la obligación procesal de investigar en el marco del artículo 2 de la Convención, puesto que, como recuerda la sentencia, ni tan siquiera se plantea que los demandantes hayan instado procedimiento alguno ante las jurisdicciones internas de los Estados demandados.[22]

A ese respecto podría pensarse que de esos modelos que el Tribunal ha identificado como habilitando la aplicación extraterritorial de la Convención, el del control esgrimido por los Estados demandados respecto de las personas de los demandantes sería el que en principio se adaptaría mejor a este supuesto. Sin embargo, el Tribunal restringe ese control efectivo al ejercido por los agentes del Estado directamente sobre la persona, lo que cubre supuestos como la restricción de su movilidad o la comisión de actos de violencia aislados y específicos, que implican un elemento de proximidad.[23] Esta precisión puede considerarse alineada con la exigencia por el Tribunal de un nivel mínimo de intensidad de la autoridad o el control ejercido por un Estado para que entre en juego su jurisdicción extraterritorial. En los asuntos *M. N. y otros* y *H. F. y otros,* el Tribunal, como ya se apuntó, concluía

---

21   Decisión del TEDH de 9 de abril de 2024, *Duarte Agostinho..., op. cit.,* § 121.
22   *Ibid.,* § 181 y ss.
23   *Ibid.,* § 171.

que no existe tal autoridad o control efectivo por el mero hecho de que decisiones adoptadas a nivel nacional tengan un impacto en la situación de los demandantes, exigiéndose que existan circunstancias excepcionales para que se produzca la aplicación extraterritorial de la Convención. Y puede concluirse que ese es precisamente el supuesto que se plantea en el asunto *Duarte Agostinho,* en el que la solicitud de aplicación extraterritorial que plantean los demandantes se apoya en último término en el impacto que respecto de sus derechos tienen comportamientos observados por los Estados demandados en su propio territorio, en concreto su esfuerzo insuficiente en materia de reducción de emisiones de GEI.

En consecuencia, la imposibilidad de servirse de los motivos señalados en la jurisprudencia del Tribunal como habilitando a la aplicación extraterritorial de la Convención obliga a los demandantes a plantear argumentos alternativos. En concreto esgrimen una serie de circunstancias excepcionales que en su opinión permiten afirmar que existe un nexo suficiente entre el comportamiento de los Estados demandados y el perjuicio causado en sus derechos, lo que justifica dicha aplicación extraterritorial.[24] Las circunstancias excepcionales en las que sustentan la existencia de dicho nexo son: la contribución significativa de los Estados demandados al fenómeno del cambio climático y su control sobre las fuentes de emisiones de GEI situadas en su territorio, a lo que se suma la previsibilidad por parte de esos Estados del perjuicio que de su comportamiento iba a derivarse para los derechos de los demandantes. Esos argumentos sirven a los demandantes para plantear al Tribunal la existencia de un control efectivo por parte de los Estados demandados sobre sus intereses protegidos por la Convención.

A esos argumentos, relacionados como ya se ha dicho con el establecimiento del nexo suficiente entre el comportamiento de los Estados y el perjuicio a los derechos de los demandantes del que derive la sumisión de

---

24 Razonamiento que responda a una lógica admitida por el propio Tribunal en su Decisión de inadmisibilidad en este asunto *Duarte Agostinho,* al afirmar que su pronunciamiento en el asunto *M. N. y otros* no pretendía añadir un criterio distinto que permita el ejercicio de la jurisdicción extraterritorial sino señalar que, a la vista de esas circunstancias excepcionales, puede concluirse que existe el citado nexo entre las partes que sirva para determinar si el Estado demandado ha ejercido de forma efectiva su autoridad o control sobre el demandante. *Ibid.,* § 188.

los segundos a la jurisdicción de los primeros, se añade otro que se sitúa en un plano distinto. Se trata del argumento que alude a la necesidad de garantizar la coherencia en la evolución del Derecho internacional en cuanto a la relación del cambio climático con los derechos fundamentales. Y el plano en el que se inserta este argumento es, como ya se apuntó, el de la contribución que el Juez de Estrasburgo puede realizar a la consolidación del fenómeno de la litigación climática y, en consecuencia, a su utilidad como instrumento que sirva para compensar la insuficiencia de la acción en los planos político y legislativo.

En las páginas siguientes se abordarán los argumentos presentados por los demandantes, atendiendo de forma separada a cada uno de los dos planos apuntados. En primer lugar, el que se refiere a la existencia de un nexo causal entre el comportamiento de los Estados demandados y el perjuicio a los derechos de los demandantes del que pueda derivarse un nuevo motivo que permita afirmar que estos se encuentran bajo la jurisdicción de esos Estados. Más tarde se atenderá a ese plano del papel del Juez de Estrasburgo de cara a la consolidación del fenómeno de la litigación climática.

No obstante, antes de abordar ese análisis debe recordarse que, también respecto de esas circunstancias excepcionales que se plantean en el caso del cambio climático, y por consiguiente de su impacto en el disfrute de los derechos, el Tribunal observa una aproximación, ya advertida anteriormente siguiendo a la profesora Burgorgue-Larsen, a la vez prudente y audaz, aunque en principio eso pueda parecer contradictorio. La audacia se refiere al reconocimiento por los Jueces de Estrasburgo de esas circunstancias excepcionales, aunque en este caso esa audacia tampoco puede calificarse como temeridad, puesto que esos elementos parecen difíciles de negar, si bien como veremos otra cosa es la concreción de la contribución de cada Estado al resultado final. El Tribunal admite argumentos como el control último de los Estados sobre la actividad pública y privada que emite GEI en su territorio y la asunción por ellos de compromisos internacionales en el contexto del Acuerdo de París, de donde deduce la imposición de obligaciones positivas a esos Estados conforme a la Convención.[25] E igualmente

---

25 Remitiendo respecto del contenido de esas obligaciones positivas a lo establecido por el propio Tribunal en su sentencia *Verein KlimaSeniorinnen,* que identifica como

admite la existencia de un nexo causal entre esas actividades públicas y privadas de emisión de GEI en el territorio de un Estado y el efecto perju-dicial sobre los derechos y el bienestar de la población que reside más allá de las fronteras de ese Estado.[26] Pero los Jueces de Estrasburgo muestran su prudencia al concluir que, pese a ese reconocimiento, esas circunstan-cias no se estiman suficientes por sí solas para crear un nuevo motivo que justifique la aplicación extraterritorial de la Convención o para proceder a la ampliación de los motivos ya existentes.[27]

Aunque a continuación se analizarán de manera más precisa los argu-mentos esgrimidos por el Tribunal en respuesta a los demandantes, pueden señalarse de forma sintética que los Jueces de Estrasburgo parecen conside-rar que en este caso el proceso de reducción de la intensidad exigida para concluir que existe un ejercicio de autoridad o control efectivo por el Esta-do demandado quizá se lleva demasiado al límite. Es decir que ese control es considerado por el Tribunal como demasiado difuso, hasta el punto de que el argumento de los demandantes de fundamentar el nexo jurisdiccio-nal en el control de los Estados demandados sobre sus *intereses protegidos por la Convención* tiene un efecto expansivo de la jurisdicción de los Estados Parte que puede poner en riesgo el propio funcionamiento del sistema.

Y a todo ello merece la pena añadir un aspecto que no debería pasar desapercibido, como es que la aproximación observada por el Tribunal en este asunto se adopta por unanimidad, incluido especialmente su rechazo a la consideración de esas circunstancias excepcionales relacionadas con el cambio climático como causa habilitante, sea como nuevo motivo o como ampliación de los ya existentes, para la aplicación extraterritorial de la Con-vención. En esta sentencia no existe ninguna Opinión disidente ni concor-dante de ningún Juez, escenario relativamente frecuente en otros asuntos en los que se plantea esta cuestión, y en los que se pone de manifiesto el intenso debate que al respecto se sigue en el seno del propio Tribunal. Esa

---

obligación primordial de los Estados adoptar y aplicar efectivamente en la práctica las normas y medidas capaces de mitigar los efectos existentes y futuros potencialmente irre-versibles del cambio climático. Sentencia del TEDH de 9 de abril de 2024, *Verein Klima-Seniorinnen Schweiz…, op. cit.,* § 544 y ss.
26   Decisión del TEDH de 9 de abril de 2024, *Duarte Agostinho…, op. cit.,* § 191 y ss.
27   *Ibid.,* § 195.

existencia de Opiniones de Jueces se constata especialmente en asuntos en los que existe un contexto especialmente sensible que parece inducir al Tribunal a una aproximación restrictiva respecto de la aplicación extraterritorial de la Convención. A este respecto pueden servir como ejemplo las nueve Opiniones que de forma individual o conjunta presentan nueve Jueces del Tribunal en su sentencia en el asunto *Georgia c. Rusia (II)*, en las que se vertían duras críticas sobre esa aproximación restrictiva, como la del Juez Pinto de Albuquerque que advertía del descrédito que, para el Tribunal como garante de los derechos humanos en el mundo, resulta de su jurisprudencia en esta materia.[28]

A la vista de esos precedentes la ausencia de Opiniones en este asunto puede interpretarse como la manifestación de un consenso en el Tribunal sobre el rechazo a esas circunstancias excepcionales del cambio climático como suficientes para habilitar la aplicación extraterritorial de la Convención. De forma que en este punto la dimensión prudente del Tribunal parece imponerse sobre su naturaleza audaz, a la vista de las consecuencias que de ello podrían derivarse para el funcionamiento del sistema de la Convención.

3. En torno al concepto de *autoridad* o *control efectivo* y al nexo causal en los litigios climáticos

El primero de los planos en los que se alinean los argumentos de los demandantes es, como ya se apuntó con anterioridad, el que se refiere a la posibilidad de identificar la existencia de algún tipo de nexo causal entre el comportamiento de los Estados demandados y el perjuicio a los derechos de los demandantes que permita considerar que estos se encuentran bajo la jurisdicción de esos Estados. Es decir, que se trata de saber si esas circunstancias excepcionales esgrimidas por los demandantes son aptas para identificar un nuevo motivo para la aplicación extraterritorial de la Convención o justifican la ampliación de alguno de los motivos ya existentes, superando de esa manera la imposibilidad de aplicar estos constatada por el Tribunal en una primera aproximación.

---

28   Opinión parcialmente disidente del Juez Pinto de Albuquerque en la sentencia del TEDH de 21 de enero de 2021, *Georgia v. Russia (II)* [GC], *op. cit.*, §. 2.

Los argumentos en los que los demandantes hacen descansar la existencia de ese nexo entre el comportamiento de los Estados demandados y el perjuicio causado a los derechos de los demandantes son, tal como ya se apuntó, la contribución significativa de esos Estados al cambio climático, su control de las actividades que emiten GEI en su territorio y la previsibilidad de que de esas actividades iban a derivar perjuicios a los derechos de los demandantes. En los apartados siguientes se harán algunas consideraciones respecto de dichos argumentos.

3.1. La contribución *significativa* de los Estados demandados al cambio climático

La primera de esas circunstancias excepcionales exige una cierta concreción, que resulta especialmente importante en relación no solo con la identificación del nexo anteriormente señalado, sino sobre todo con una suerte de medición de la cuota de responsabilidad que al respecto puede corresponder a los Estados demandados. Y en ese sentido debe señalarse que la consideración de la contribución de los Estados demandados al cambio climático como *significativa* requiere alguna matización, puesto que, a la vista del estadio actual del esfuerzo de reducción de emisiones de GEI en los distintos países del mundo, la participación de esos 33 Estados solo puede calificarse como tal, al menos en términos relativos, desde una perspectiva histórica.[29]

Eso no significa en ningún caso que esos Estados no deban asumir su responsabilidad por el posible perjuicio que el agravamiento del cambio climático pueda causar a los derechos de los demandantes. Pero sí se trata de una constatación que, como veremos más tarde, presenta distintas implicaciones, comenzando por el hecho de que esa responsabilidad en su caso debería corresponder a la parte alícuota de su contribución a ese perjuicio.

---

29 A ese respecto puede señalarse la afirmación de Portugal en el asunto *Duarte Agostinho,* recordando que su contribución al total de emisiones de GEI mundiales no pasaba del 0,14 % en 2018. Decisión del TEDH de 9 de abril de 2024, *Duarte Agostinho…, op. cit.,* § 110. E igualmente los demandantes en el asunto *Verein KlimaSeniorinnen* reconocían que la cuota de Suiza en ese mismo plano era del 0,18 %. Sentencia del TEDH de 9 de abril de 2024, *Verein KlimaSeniorinnen Schweiz…, op. cit.,* § 68.

A eso se añade que, desde la perspectiva de la litigación climática como respuesta a la insuficiente reacción en el plano de la mitigación, la eventual exigencia por vía judicial a esos Estados de que intensifiquen sus esfuerzos de reducción de emisiones de GEI podrá revestir un carácter simbólico, con la esperanza de que eso abra la puerta a situaciones similares en otros países; pero desde luego *per se* no implicará un progreso significativo de manera directa de cara a ese objetivo.

Incluso el listado de Estados demandados en el asunto *Duarte Agostinho* pone sobre la mesa algún interrogante en relación con el pretendido efecto de la Demanda y la eventual sentencia del Tribunal en pos de esa intensificación del esfuerzo global de mitigación. Se trata de manera más precisa del hecho de que los demandantes dirijan su Demanda contra 33 de los 46 Estados Parte de la Convención, sin que se justifique el porqué de la inclusión de esos Estados y la exclusión de otros, sirviéndose de argumentos como, por ejemplo, una contribución mayor de los primeros en términos de volumen de emisiones de GEI. A ese respecto puede advertirse que de la lectura de la lista de Estados demandados se deduce como criterio de elección, desde luego no exclusivo, la condición de Estados miembros de la Unión Europea, que reúnen hasta 25 de los 33 incluidos en la Demanda.

De lo apuntado se desprende que, en relación con un problema de responsabilidad conjunta, como es el cambio climático, en el que el Tribunal, como ya se señaló, afirma que cada Estado asume una cuota de responsabilidad, los demandantes dirigen su queja por el posible impacto del esfuerzo insuficiente de reducción de emisiones de GEI sobre sus derechos solo contra una parte de los responsables. De hecho, ni siquiera se plantea la Demanda contra todos los Estados frente a los que podrían actuar en el marco del sistema de la Convención, sin que se aduzca ninguna razón que explique el porqué de la elección de dichos Estados demandados.

De ello resultan dos consecuencias: la primera que, como ya se ha dicho, a la vista de la verdadera contribución de esos Estados demandados al volumen total de emisiones, esa vía judicial tendrá un impacto cuando menos moderado, al menos por lo que se refiere a su condición de incentivo directo e inmediato de la intensificación de ese esfuerzo de mitigación a nivel global. Y la segunda es que con ello se llegaría a la paradoja de que la responsabilidad por el insuficiente esfuerzo de mitigación en relación

con demandantes de cualquier parte del planeta tan solo se sustanciaría en
relación con algunos Estados, que como ya se ha dicho son precisamente
aquellos que pueden tener una responsabilidad histórica mayor, pero que
en términos de su volumen de emisiones actuales no son los protagonistas
principales del fenómeno de responsabilidad conjunta del que resulta el
perjuicio a los derechos que da lugar a la Demanda.

3.2. El nexo causal entre el comportamiento de los Estados
    demandados y el perjuicio a los derechos de los demandantes
    a la luz de la naturaleza del cambio climático

Las otras dos circunstancias excepcionales esgrimidas por los demandantes para demostrar la existencia de un nexo suficiente entre el comportamiento de los Estados demandados y el perjuicio a sus derechos específicos son, como ya se dijo anteriormente, el control de los Estados sobre las
actividades que emiten GEI desarrolladas en su propio territorio y la previsibilidad de sus consecuencias negativas sobre los derechos de las personas que residen fuera del mismo. Y a este respecto debe señalarse que su
admisión por el Tribunal no obsta que se estimen insuficientes para considerar que existe ese nexo causal, y, por tanto, no bastan para crear un
motivo de aplicación extraterritorial de la Convención.

El Tribunal fundamenta esa negativa en los rasgos definitorios del
cambio climático, que vienen a difuminar ese nexo, al menos en lo que se
refiere a su establecimiento de forma directa, al atenuar de manera evidente
el eventual control, especialmente en cuanto a su carácter exclusivo, que los
Estados demandados pueden tener sobre los intereses de los demandantes,
dado que el perjuicio causado a sus derechos resulta de un abanico de comportamientos que excede con mucho del observado por esos Estados.

Los rasgos del cambio climático a los que alude el Tribunal son su carácter complejo y multifactorial y su naturaleza global, lo que le lleva a cali-
ficar ese fenómeno como un verdadero problema existencial de la humanidad, y lo distingue de otras situaciones de causalidad. En ese sentido el
Tribunal subraya la naturaleza global del cambio climático al recordar que la
extracción o combustión de combustibles fósiles en cualquier parte del mundo por encima de los niveles que pueden compensarse por pozos naturales
de carbono conducen inevitablemente a la elevación de la concentración de

GEI en la atmósfera y, por tanto, al agravamiento de los efectos del cambio climático a nivel planetario.[30]

Es decir, que esos rasgos del fenómeno que está en el origen del perjuicio a los derechos de los demandantes establecen una diferencia clara entre los litigios climáticos y otros asuntos, como aquellos en los que se pone en juego la eventual responsabilidad por daños ambientales. En estos la posibilidad de aplicación extraterritorial y la eventual responsabilidad deducida posteriormente de esos Estados se apoya en una relación mucho más directa, e incluso mensurable, entre el comportamiento del Estado demandado y el perjuicio sufrido en su derecho por personas concretas y determinadas. Puede citarse como ejemplo los supuestos de contaminación ambiental causada por el comportamiento de un Estado en su propio territorio —como el funcionamiento de instalaciones industriales o de plantas de tratamiento de residuos—, pero que afecta al territorio de otro Estado, cuyo alcance tanto geográfico como personal está muy delimitado. El escenario es mucho más difuso en el caso de los litigios climáticos, a lo que se refiere el Tribunal al afirmar que si bien la lucha en favor de la reducción de emisiones de GEI en la fuente corresponde en primer lugar al ejercicio de la jurisdicción territorial, los efectos nefastos de esas emisiones son el resultado de una cadena de acontecimientos no solo compleja, sino también imprevisible desde un punto de vista espacio-temporal, lo que hace muy difícil determinar las contribuciones respectivas a esos efectos de las emisiones en el extranjero, y por extensión la cuota de responsabilidad que corresponde a cada Estado en el global de la responsabilidad conjunta.[31]

De esa forma la naturaleza del cambio climático representa en este asunto el contexto que viene a condicionar la aproximación del Tribunal a la posibilidad de aplicar extraterritorialmente la Convención en esos asuntos climáticos. Y ese condicionamiento, al igual que en otros asuntos en los que el contexto se refería a circunstancias políticas o sociales, lleva a una aproximación restrictiva de los Jueces a considerar a los demandantes bajo la jurisdicción de esos Estados, lo que en último término se debe

---

30   Decisión del TEDH de 9 de abril de 2024, *Duarte Agostinho…, op. cit.,* § 194.
31   *Ibid.,* § 207.

al intento de evitar el impacto negativo que una aproximación más amplia al concepto de *jurisdicción* tendría en el funcionamiento del sistema de la Convención. En esos otros asuntos —*Banković* o *Georgia contra Rusia (II)*— el impacto se traducía, como ya se apuntó, en el rechazo social a una posición más favorable del Tribunal a esa aplicación extraterritorial de la Convención o las reticencias de los Estados Parte, y por extensión del Comité de Ministros, respecto de la ejecución de esas eventuales sentencias. En el caso de los litigios climáticos el impacto de ese contexto es identificado por el Tribunal al advertir que, de aceptar el argumento expuesto por los demandantes, se produciría una ampliación del alcance de la jurisdicción extraterritorial, hasta el punto de que estaría desprovista en la práctica de límites identificables, lo que equivaldría a descartar radicalmente los principios establecidos con relación al artículo 1 de la Convención. Es decir que esa aceptación del control sobre los intereses de los demandantes protegidos por la Convención y no sobre sus personas conduciría a una extensión gravemente imprevisible de las obligaciones de la Convención. A la vista de ese resultado, el Tribunal responde al argumento esgrimido por los demandantes recordando que conforme a su jurisprudencia relativa al artículo 1 de la Convención la jurisdicción extraterritorial exige control sobre la persona y no sobre sus intereses.[32]

En efecto, a la vista de la dimensión global del cambio climático, prácticamente cualquier persona en cualquier lugar del mundo podría, en cuanto víctima de los efectos nefastos de ese fenómeno, considerarse sometida a la jurisdicción de los Estados Parte de la Convención. A este respecto debe recordarse que, aunque en el asunto *Duarte Agostinho* esa aplicación extraterritorial no excede del espacio legal de la Convención, se abriría la puerta a una práctica universalización de la misma. Y a eso se suma, desde la perspectiva de esa extensión de las obligaciones de la Convención, la naturaleza multicausal del cambio climático, ya apuntada, a la

---

32   *Ibid.*, § 207 y ss. A ese respecto se advierte en la sentencia que, excepto en casos de homicidio voluntario por agentes del Estado (art. 2), nada en la jurisprudencia del Tribunal acredita la tesis de que el control sobre intereses protegidos por la Convención pueda servir como fundamento para establecer la jurisdicción extraterritorial de un Estado.

que alude el Tribunal señalando el carácter artificial y difícil de justificar de esa extensión de la jurisdicción extraterritorial con ese fundamento, ya que las fuentes de emisión de GEI no se limitan a actividades específicas que pudieran calificarse como peligrosas sino que incluyen hasta actividades humanas elementales, y generalmente no pueden ser localizadas o circunscritas a instalaciones específicas.

En definitiva, concluye el Tribunal que aceptar la jurisdicción extraterritorial de las Partes Contratantes en el seno del espacio jurídico de la Convención o fuera de este, sobre la base del control sobre los intereses de los demandantes protegidos por la Convención se traduciría para los Estados en un nivel de incertidumbre insostenible.[33] Cualquier acción, desarrollada incluso en el marco de actividades elementales, o cualquier insuficiencia en la reacción frente a los efectos negativos de esas actividades sobre el cambio climático podría dar lugar al establecimiento de la jurisdicción extraterritorial de un Estado respecto de los intereses de personas que se encuentran fuera de su territorio y no tienen ningún nexo particular con él. E incluso, lo que es más importante, aceptar los argumentos de los demandantes equivaldría a extender de manera ilimitada la jurisdicción extraterritorial de los Estados en virtud de la Convención y su responsabilidad respecto de personas que se encuentren en cualquier parte del mundo, lo que, tal como afirma el Tribunal, haría de la Convención un tratado global sobre cambio climático, sin que en su texto haya ningún elemento que permita extender el alcance de la Convención de esa manera.

Esa consideración de la Convención como un tratado global en materia de cambio climático que realiza el Tribunal no se plantea tanto desde la perspectiva del contenido, puesto que la Convención seguiría centrándose de forma exclusiva en el nexo cambio climático y derechos humanos, sino desde la de su alcance geográfico. A ese respecto debe convenirse que asignar a la Convención ese alcance universal sería menos problemático y más fácil de aceptar si existiese una relación de causalidad directa y exclusiva entre el comportamiento del Estado Parte respecto del que se plantea la aplicación extraterritorial de la Convención

---

33 *Ibid.*, § 208.

y el perjuicio específico causado a los derechos de los demandantes. Sin embargo, en este caso no existe tal relación de causalidad directa y exclusiva, sino que hablamos de una vulneración colectiva de esos derechos, que es consecuencia de un problema de responsabilidad conjunta pero cuya sustanciación se produce tan solo en relación con algunos de esos Estados, incluso no todos respecto de los que procesalmente es posible dada su condición de Estados Parte de la Convención.

4. Acerca de la contribución del Tribunal a la consolidación de la litigación climática

El segundo plano en el que se integran los argumentos utilizados por los demandantes para solicitar la aplicación extraterritorial de la Convención es, como ya se señaló, el de la contribución que el Tribunal puede jugar en la consolidación del fenómeno de la litigación climática. Es decir que esos argumentos se refieren, en último término, a la clarificación del papel del Juez en general, y del Juez de Estrasburgo en particular, en el contexto de la intensificación del esfuerzo de reducción de emisiones de GEI. La referencia a esta cuestión se encuentra en la alegación que realizan los demandantes en el sentido de considerar que la jurisdicción extraterritorial de los Estados demandados en este asunto puede apoyarse en los enfoques de otros órganos internacionales, garantizando así la consistencia de la aproximación que desde el Derecho internacional se hace a la relación entre cambio climático y derechos humanos.[34]

De esa forma los asuntos climáticos en el marco del sistema de la Convención se presentan como una oportunidad para contribuir a la consolidación del proceso, que se viene dibujando a la vista de algunos pronunciamientos en otros marcos internacionales de protección, de afirmación de la responsabilidad de los Estados por el impacto que su inacción o su acción insuficiente en materia de reducción de emisiones de GEI tiene en los derechos fundamentales de las personas que residen fuera de su territorio.

---

34 *Ibid.*, § 126 y 127.

En ese sentido la apelación de los demandantes a la contribución del Tribunal a la garantía de la consistencia del desarrollo en Derecho internacional de la relación entre cambio climático y derechos humanos, puede entenderse como una expresión de ese sentir social señalado al comienzo, que percibe la litigación climática, y en consecuencia al Juez, como una respuesta a la incapacidad de articular una reacción adecuada y suficiente contra el cambio climático en los planos político y legislativo. Y con ese objetivo se pretende que el Tribunal se sume a esa tendencia, lo que a la vista de los rasgos del sistema de la Convención supondría, como ya se apuntó anteriormente, un espaldarazo relevante para la litigación climática tanto en el plano nacional como en el internacional.

El rechazo de la aplicación extraterritorial de la Convención que el Tribunal lleva a cabo en su Decisión de inadmisibilidad en el asunto *Duarte Agostinho* cierra la puerta a esa aportación desde la perspectiva estricta de esa ampliación de la jurisdicción de los Estados Parte en los litigios climáticos para considerar sometidos a la misma a personas que residen fuera de su territorio. No obstante, la contribución de los Jueces de Estrasburgo a la consolidación de la litigación climática se mantiene a través del reconocimiento del derecho a un clima estable en la sentencia *Verein KlimaSeniorinnen,* al que ya se hizo referencia.

En cualquier caso, volviendo al plano estricto de la aplicación extraterritorial lo que a continuación se va a desarrollar puede considerarse como un *y si...,* como la aportación que podría resultar a estos efectos de una eventual sentencia del Tribunal que abriera la puerta a esas Demandas de personas residentes en otro Estado distinto de aquel contra el que se dirigen. Es decir, que, en definitiva, lo que se pone sobre la mesa es el papel que el Tribunal podría desempeñar como Juez (universal a la vista de lo señalado, aunque el asunto *Duarte Agostinho* no alcance de momento esa dimensión) del clima. En apoyo de su solicitud al Tribunal para que se sume a ese desarrollo los demandantes esgrimen ciertos precedentes, con la idea de incitar a los Jueces de Estrasburgo a adoptar una posición consistente con ellos. Sin embargo, la traslación de lo señalado en esos precedentes al sistema de la Convención no está exenta de obstáculos, derivados principalmente de la naturaleza de ese sistema. En los apartados siguientes se abordarán esos posibles obstáculos, así como las consecuencias de los mismos en el funcionamiento del sistema europeo de protección de derechos humanos.

4.1.   La contribución del Tribunal al proceso de consolidación
de la litigación climática.   La especial naturaleza
del sistema de la Convención

Los precedentes apuntados con los que los demandantes tratan de
reforzar esa apelación al Tribunal para que garantice la consistencia del
desarrollo del Derecho internacional en la materia incluyen tanto ciertos
textos internacionales, como la Convención Marco de las Naciones Unidas sobre el Cambio Climático (CMNUCC) o el Proyecto de Artículos de
la Comisión de Derecho Internacional sobre prevención del daño transfronterizo, como pronunciamientos de otros órganos internacionales de
protección de los derechos humanos, como el Comité de Derechos del
Niño o la Corte Interamericana de Derechos Humanos.[35] Respecto de los
primeros se solicita al Tribunal una interpretación de la Convención conforme con ellos y en cuanto a los segundos se mencionan como ejemplos
de pronunciamientos favorables a la interpretación de la jurisdicción, y por
tanto de la responsabilidad, de los Estados con alcance extraterritorial en
relación con el cambio climático y en concreto con la acción insuficiente
en materia de reducción de emisiones de GEI.

De esa forma, los demandantes parecen plantear que el Juez de Estrasburgo vendría obligado, cuando menos moralmente, a alinearse en esa
misma senda que esos precedentes para reforzar con ello la consolidación
de la litigación climática en relación con los derechos humanos. Sin embargo, el Tribunal apela a su autonomía, apoyándose para ello en la naturaleza particular del sistema de la Convención, que como ya se señaló le
exige la garantía del respeto de ciertos equilibrios. En ese sentido, tras
aceptar que la interpretación del concepto de *jurisdicción* del artículo 1 de
la Convención debe ser conforme a su significado en Derecho internacional, su Decisión de inadmisibilidad en el asunto *Duarte Agostinho* recuerda su no vinculación a interpretaciones externas, señalando expresamente
incluso las realizadas por otros órganos encargados de la interpretación
de *instrumentos similares*. Y es en la justificación de esa autonomía donde
aparece la naturaleza del sistema antes apuntada, al recordar el distinto

---

35   *Ibid.,* § 59 y ss.

alcance y las diferencias en el contenido de las disposiciones de otros instrumentos de Derecho internacional respecto de la Convención o en el
papel del Tribunal en relación con el de otros órganos de protección internacional de los derechos humanos.[36]

Y esa diferente naturaleza se esgrime por el Tribunal para distinguir
tanto a la Convención de los otros textos presentados por los demandantes
como al propio Tribunal respecto de esos otros órganos. En el primer caso,
la diferencia con la CMNUCC o el Proyecto de Artículos de la Comisión
de Derecho Internacional, con sus referencias a la responsabilidad de los
Estados por el daño transfronterizo, se apoya en la condición de la Convención como un tratado de derechos humanos, que, a diferencia de esos otros
textos diseñados principalmente para regular relaciones entre Estados, tras-
ciende la mera reciprocidad estableciendo un sistema de obligaciones obje-
tivas. Y a ello añade el Tribunal que la referencia al daño o al perjuicio
transfronterizo que se incluye en esos textos se circunscribe a esa relación
interestatal y en ningún caso se relaciona con que las personas afectadas
queden bajo la jurisdicción del Estado causante del mismo, por lo que no
considera que sirvan como fundamento para la pretensión de aplicación
extraterritorial de la Convención planteada por los demandantes.[37]

En cuanto a los pronunciamientos de otros órganos encargados de interpretar *instrumentos similares* que se plantean al Tribunal como precede-
tes, debe advertirse que la situación varía en cada uno de los dos casos presentados por los demandantes. En el supuesto del Comité de Derechos del
Niño la diferencia con el Tribunal se sitúa en el plano de la naturaleza
del sistema, mientras que respecto de la Corte Interamericana, que sería el
precedente que mejor se ajusta a esa identificación de un órgano encargado
de interpretar un *instrumento similar,* la distinción se focaliza más en el
ámbito sobre el que se proyecta cada uno de los asuntos planteados ante la
Corte y el Tribunal. En ese sentido, debe adelantarse que mientras la Opinión Consultiva de la primera se refiere al nexo medio ambiente-derechos
humanos, en el asunto *Duarte Agostinho* lo que valora el Juez de Estrasburgo es ese nexo, pero entre cambio climático y derechos humanos. Y como

---

36 *Ibid.,* § 209.
37 *Ibid.,* § 210 y ss.

se verá más tarde ambos casos son diferentes desde la perspectiva del nexo causal entre la conducta del Estado demandado y el perjuicio a los derechos de los demandantes específicos.

Por tanto, la valoración de la utilidad del primero de los precedentes que se aduce para invitar al Tribunal a sumarse a ese proceso de consolidación de la litigación climática guarda relación directa con la diferente naturaleza del marco en el que se inserta en relación con la del sistema de la Convención. Esta diferencia permite comprender por qué, pese a que los argumentos presentados por los autores de la comunicación al Comité de Derechos del Niño en el asunto *Chiara Sacchi y otros* presentan un claro paralelismo con los planteados por los demandantes en el asunto *Duarte Agostinho*,[38] la posición de ambos órganos respecto de la aplicación extraterritorial de los respectivos textos es claramente distinta.

A diferencia de lo concluido por el Tribunal, el Comité de Derechos del Niño acepta los argumentos esgrimidos por los autores de la comunicación en relación con la existencia de control por parte del Estado demandado respecto de los niños situados fuera de su territorio. Es decir, que aquellas circunstancias excepcionales que en opinión del Tribunal no son suficientes para crear un nuevo motivo de aplicación extraterritorial de la Convención, o para ampliar alguno de los ya existentes, sí bastan en opinión del Comité para llegar a esa conclusión respecto de la Convención sobre los derechos del niño. Y ello a pesar de que los autores de la comunicación reconocen la condición del cambio climático como un problema de responsabilidad conjunta, al admitir que las emisiones de ese Estado no son la única causa de ese fenómeno sino una concausa.[39]

---

38   En ese asunto se plantea la queja de varios jóvenes menores de 18 años, nacionales de distintos países (Alemania, Argentina, Brasil, Estados Unidos, Francia, India, Islas Marshall, Nigeria, Palao, Sudáfrica, Suecia y Túnez) contra Argentina al considerar que este Estado, al fallar en su obligación de prevenir y mitigar las consecuencias del cambio climático, estaba violando sus derechos a la vida, a la salud o a la priorización de sus intereses como niños, así como los derechos culturales de los autores de la comunicación que forman parte de comunidades indígenas. Esas mismas personas presentaron otras comunicaciones similares contra Brasil, Francia, Alemania y Turquía. *Decisión adoptada por el Comité con arreglo al Protocolo Facultativo de la Convención sobre los Derechos del Niño relativo a un procedimiento de comunicaciones, en relación con la comunicación núm. 104/2019*, CRC/C/88/D/104/2019, 11 de noviembre de 2021, § 1.1 y ss.

39   *Ibid.*, § 5.2.

Incluso pueden encontrarse en la Decisión de ese Comité afirmaciones de los autores de la comunicación que exigen cuando menos una matización, como la que concluye que si los Estados Parte denunciados no adoptan medidas inmediatas para reducir radicalmente sus emisiones de GEI, ellos seguirán experimentando un gran sufrimiento a lo largo de su vida.[40] Con esta afirmación parece establecerse una relación de causalidad directa y aparentemente exclusiva entre los daños a los que se han visto expuestos los autores de la comunicación y las emisiones de los Estados Parte a los que se refiere la comunicación, que parece no tener en cuenta la naturaleza del cambio climático como un problema de responsabilidad conjunta, en el que la contribución de Argentina, así como de los otros Estados concernidos por comunicaciones similares, y, por tanto, su influencia en la situación de personas que residen en la otra punta del mundo, está lejos de ser decisiva. En efecto, no parece muy plausible afirmar que el perjuicio a los derechos de los autores de esa comunicación desaparecerá, o incluso se reducirá de manera significativa, si esos Estados, si tan solo ellos, proceden a intensificar su esfuerzo de reducción de emisiones de GEI. De nuevo se reitera que eso no significa que no deba procederse a esa intensificación de su esfuerzo de mitigación por parte de los Estados concernidos, pero en ningún caso puede plantearse como respuesta suficiente a ese fenómeno de responsabilidad conjunta.

En esta Decisión el Comité de Derechos del Niño opta, tal como ya se señaló con anterioridad, por estimar que el control efectivo que ese Estado tiene sobre las fuentes de emisión de GEI que se encuentran en su territorio y que contribuyen a causar un daño razonablemente previsible a los niños fuera de su territorio, así como el carácter suficientemente significativo de ese daño, permiten concluir que existe un nexo causal entre el daño alegado por los autores de la comunicación y las acciones u omisiones del Estado Parte, suficiente a los efectos de establecer que aquellos, pese a residir fuera del territorio de este, se encuentran bajo su jurisdicción.[41] Y ello pese a que el Comité, apoyándose en jurisprudencia del propio Tribunal y la Corte Interamericana, recuerda que la jurisdicción extraterritorial ha de interpretarse de manera restrictiva.[42]

---

40   *Ibid.*, § 8.2.
41   *Ibid.*, § 10.12.
42   *Ibid.*, § 10.3.

Además, para llegar a esa conclusión el Comité desecha la jurisprudencia en la materia establecida por el Tribunal, por considerar que se refería a
situaciones que difieren mucho de este caso, y se apoya en la posición de la
Corte Interamericana en su Opinión Consultiva OC-23/17. Lo curioso es
que esa consideración por el Comité de la jurisprudencia del Tribunal como
no útil al referirse a situaciones distintas del caso que se le plantea se refería
a asuntos relativos al nexo medio ambiente-derechos humanos, es decir, el
mismo al que alude la Corte en su Opinión Consultiva y que el Comité
considera adecuado. En efecto, en esa ocasión la Corte concluía que en el
caso de un daño ambiental transfronterizo la jurisdicción del Estado de
origen del mismo se extiende a personas que han visto afectados sus derechos, aunque residan fuera de ese Estado, si este ejerce un control efectivo
sobre las actividades llevadas a cabo en su territorio que causaron el daño y
la consecuente violación de derechos humanos.[43] Es decir, que, en este caso,
el Comité de Derechos del Niño no parece tener en cuenta que, como ya se
ha dicho y se desarrollará más tarde, en esa ocasión la Corte Interamericana
estaba analizando la aplicación extraterritorial en relación con daños transfronterizos de carácter medioambiental, sin referirse de forma específica al
cambio climático. Escenario que el Tribunal ha distinguido de forma clara
desde la perspectiva del establecimiento del nexo causal entre el comportamiento del Estado y perjuicio a los derechos de personas específicas.

No obstante, antes de entrar en el análisis de esa Opinión de la Corte
Interamericana cerramos el de la Decisión del Comité de Derechos del
Niño en el asunto *Chiara Sacchi y otros* apuntando su conclusión de que,
de acuerdo con el Principio de las responsabilidades comunes pero dife-
renciadas reflejado en el Acuerdo de París, el carácter colectivo de la causa
del cambio climático no exime al Estado Parte de la responsabilidad individual que para él se derive del daño que las emisiones originadas en su
territorio puedan causar a los niños, independientemente del lugar en que
estos se encuentren.[44]

---

43   Corte Interamericana de Derechos Humanos. Opinión Consultiva OC-23/17, de
15 de noviembre de 2017, solicitada por la República de Colombia. *Medio ambiente y derechos humanos (obligaciones estatales en relación con el medio ambiente en el marco de la
protección y garantía de los derechos a la vida y a la integridad personal – Interpretación y
alcance de los artículos 4.1 y 5.1, en relación con los artículos 1.1 y 2 de la Convención Americana sobre Derechos Humanos)*, § 101 y 104.h).
44   *Decisión adoptada por el Comité…, op. cit.*, § 10.10.

Ese mismo argumento es esgrimido por el Tribunal en su Decisión de inadmisibilidad en el asunto *Duarte Agostinho,* en el que afirma la condición del cambio climático como un fenómeno global en el que cada Estado tiene su parte de responsabilidad y un papel que desempeñar en la búsqueda de soluciones adecuadas.[45] Sin embargo, la solución a la que se llega respecto a la consideración de si ello basta para habilitar a la aplicación extraterritorial es la contraria, y eso puede explicarse por la diferencia de naturaleza en ambos sistemas, y en concreto por el carácter no obligatorio de las Decisiones del Comité de Derechos del Niño.[46]

Ese carácter no obligatorio de dichas decisiones exime al Comité de tener que valorar la posición que al respecto asuman los Estados, y en particular sus reticencias a una eventual ejecución de dichas decisiones, con el consiguiente descrédito del sistema, cuestión a la que sí ha de enfrentarse el Tribunal. A ello se suma la complejidad de la ejecución de sentencias del Tribunal que eventualmente puedan exigir a los Estados reducir sus emisiones de GEI, lo que ya se ha puesto de manifiesto en el caso de Suiza en la sentencia citada del asunto *Verein KlimaSeniorinnen,*[47]

---

45   Decisión del TEDH de 9 de abril de 2024, *Duarte Agostinho…, op. cit.,* § 193.

46   Conforme al artículo 45.d) de la Convención sobre los Derechos del Niño: «El Comité podrá formular sugerencias y recomendaciones generales basadas en la información recibida en virtud de los artículos 44 y 45 de la presente Convención. Dichas sugerencias y recomendaciones generales deberán transmitirse a los Estados Partes interesados y notificarse a la Asamblea General, junto con los comentarios, si los hubiere, de los Estados Partes».

47   El Gobierno suizo, en el Informe enviado el 10 de octubre de 2024 al Comité de Ministros en relación con la ejecución de la sentencia del Tribunal, señalaba que se habían adoptado diversas medidas que previenen violaciones similares de la Convención, por lo que estima haber cumplido con sus obligaciones en virtud del artículo 46.1 de la misma. Entre esas medidas se incluyen algunas de carácter general, como la Ley sobre el CO_2 revisada de 15 de marzo de 2024, y la Ley Federal de 23 de septiembre de 2023, relativa a un suministro seguro de electricidad basado en energías renovables, en las que se prevén medidas para alcanzar los objetivos climáticos de ese Estado para 2030, que entrarán en vigor el 1 de enero de 2025. El Gobierno suizo alude a otras medidas, como la presentación antes del 10 de febrero de 2025 de su Contribución Determinada Nacional conforme al Acuerdo de París para el periodo 2031-2035 o la preparación antes de fin de 2025 de un proyecto de consulta para una nueva revisión de la Ley sobre el CO_2 para el periodo 2031-2040. Bilan d'action (4 de octubre de 2024). *Communication de la Suisse concernant l'affaire Verein KlimaSeniorinnen Schweiz et autres c. Suisse (requête n.º 53600/20),* Secrétariat du Comité des Ministres, DH-DD(2024)1123, 8 octobre 2024. Disponible en: <https://rm.coe.int/0900001680b1ddd9>. Sin embargo, esa posición del

con el papel central que al respecto corresponde al Comité de Ministros. De todo ello resulta la obligación de los Jueces de Estrasburgo de buscar equilibrios que no se plantean en el caso del Comité de Derechos del Niño.

De esa forma, este precedente no resulta directamente trasladable a la aproximación del Tribunal a la aplicación extraterritorial de la Convención en el caso de los litigios climáticos. Una decisión de este siguiendo ese precedente plantearía un riesgo evidente para el funcionamiento del sistema, principalmente por el impacto que de la universalización de la Convención podría resultar para el agravamiento del problema de la carga de trabajo del Tribunal, con el que este viene luchando desde hace décadas en el marco de su esfuerzo de reforma. Y todo ello sin que, como ya se apuntó anteriormente, la asunción de ese riesgo se *compense* por un impacto significativo de sus sentencias en términos de incremento del esfuerzo de mitigación global y, por tanto, de mejora de la reacción contra el cambio climático, según los argumentos ya señalados tanto del peso de los Estados demandados en el total de emisiones de GEI, y, por tanto, el avance de su mayor esfuerzo de reducción de esas emisiones, como de las posibilidades de una ejecución efectiva de la propia sentencia.

4.2.   La diferencia entre litigios climáticos y ambientales en cuanto a la relación de causalidad

La Opinión Consultiva OC-23/17, de 13 de noviembre de 2017, de la Corte Interamericana es, como ya se señaló anteriormente, el segundo precedente que se plantea al Tribunal para que sume a esa evolución que se sigue en Derecho internacional en materia de aplicación extraterritorial de los textos de protección de derechos humanos por el perjuicio causado por la acción insuficiente de un Estado en materia de mitigación de los derechos de personas que residen fuera del mismo. Como en el caso de la Decisión del

---

Gobierno suizo parece contradecir lo señalado por el Tribunal en su Decisión de inadmisibilidad en ese asunto, en la que concluía que los progresos que pueden esperarse con la entrada en vigor de las disposiciones recientemente adoptadas en ese Estado no resuelven las insuficiencias que genera su incumplimiento y la consiguiente violación del artículo 8 de la Convención. Decisión del TEDH de 9 de abril de 2024, *Duarte Agostinho...*, *op. cit.*, § 558 y ss.

Comité de Derechos del Niño, este pronunciamiento de la Corte se presenta como favorable a la toma en consideración de esa jurisdicción extraterritorial de los Estados. Incluso, como ya se apuntó con anterioridad, la Decisión del Comité de Derechos del Niño se apoya en el criterio seguido por la Corte en esa Opinión Consultiva, que se considera como el apropiado para determinar la jurisdicción en el asunto *Chiara Sacchi y otros*.[48]

Por otra parte, como también se afirmó anteriormente, este supuesto es el que mejor se adapta a la mención que hace el Tribunal a otros órganos encargados de la interpretación de *instrumentos similares* al dejar sentada su autonomía en el plano de la interpretación de la Convención. Esa mayor similitud entre ambos casos resulta de que a la condición de tratado de derechos humanos que presentan tanto la Convención como el Pacto de San José, y que también existe en el precedente anterior al referirse a la Convención sobre los Derechos del Niño, se suma en este supuesto como elemento diferenciador la condición de ambos marcos como sistemas regionales de protección de derechos humanos de naturaleza judicial, que incluyen un Tribunal que resuelve los asuntos que se le plantean mediante sentencias obligatorias para las Partes.[49]

Esa mayor cercanía en cuanto a la naturaleza de ambos marcos, Convención y Pacto de San José, podría esgrimirse como un elemento de peso para que ese precedente pudiera incitar al Tribunal a aceptar la aplicación extraterritorial de la Convención en los litigios climáticos. Pero a ese respecto debe advertirse que la traslación a ese tipo de asuntos de la aceptación de la aplicación extraterritorial del Pacto que la Corte hace en esa Opinión Consultiva, plantea algunas dudas que deben abordarse. La primera duda se refiere a la afirmación misma de esa jurisdicción extraterritorial que se recoge en la Opinión Consultiva de la Corte. A este respecto puede recordarse que, tal como se adelantó al analizar la Decisión del Comité de Derechos del Niño, la Corte afirmaba que la sumisión a la jurisdicción de un Estado que

---

48   *Decisión adoptada por el Comité...*, *op. cit.*, § 10.7.
49   Así se establece en el artículo 46.1 de la Convención que afirma que: «Las Altas Partes Contratantes se comprometen a acatar las sentencias definitivas del Tribunal en los litigios en que sean partes». Y en un sentido muy similar el artículo 68.1 del Pacto de San José indica que: «Los Estados Partes en la Convención se comprometen a cumplir la decisión de la Corte en todo caso en que sean partes».

ha causado un daño transfronterizo de personas que residen fuera de su territorio, pero cuyos derechos han resultado afectados, se apoya en considerar que ese Estado tiene un control sobre las actividades que generan ese daño y está en posición de impedir que este se cause.[50]

La primera parte de esa afirmación, es decir, el control de ese Estado sobre las actividades que generan el daño transfronterizo, en este caso las actividades que emiten GEI, parece difícilmente discutible, y de hecho ese control es admitido por el propio Tribunal en el asunto *Duarte Agostinho,* como ya se apuntó anteriormente. Sin embargo, no ocurre lo mismo con la segunda parte de la afirmación realizada por los Jueces de San José, puesto que, a la vista de los rasgos propios del cambio climático, especialmente de su naturaleza global, no parece muy riguroso afirmar que cualquier Estado, y especialmente aquellos cuya contribución al volumen total de emisiones de GEI es reducida en términos relativos, esté en posición de impedir que se cause ese perjuicio a los derechos de esas personas. Como ya se ha apuntado con anterioridad, a la vista de la naturaleza del cambio climático como un problema de responsabilidad conjunta, la intensificación del esfuerzo de reducción de emisiones de GEI por un Estado, siendo obviamente positiva, no puede considerarse un progreso suficiente como para considerar que por sí solo conducirá al cese en el futuro del perjuicio de los derechos que resulta del impacto de dicho problema. Para lograr ese objetivo sería necesaria, tal como señalaba el *Primer balance mundial,* citado al comienzo de este estudio, una reducción profunda, rápida y sostenida de las emisiones de GEI, lo que escapa de la capacidad de acción de un solo Estado o un número reducido de ellos.

Y esa misma naturaleza del cambio climático y su reflejo en los litigios que lo conectan con los derechos humanos conduce a matizar la utilidad de la Opinión Consultiva de la Corte como precedente a tener en consideración por el Tribunal en el asunto *Duarte Agostinho.* Y eso es así porque la Opinión Consultiva de la Corte no aborda específicamente la relación entre cambio climático y derechos humanos, sino entre medio ambiente y derechos humanos, y aunque pudieran parecer contextos similares presentan diferencias

---

50   Corte Interamericana de Derechos Humanos. Opinión Consultiva OC-23/17…, *cit.,* § 102.

relevantes desde la perspectiva de la relación de causalidad antes señalada entre la conducta de los Estados demandados y el perjuicio de los derechos de los demandantes específicos. De hecho, esas diferencias entre ambos supuestos son consideradas fundamentales por el propio Tribunal en el asunto *Verein KlimaSeniorinnen,* hasta el punto de afirmar que no sería ni satisfactorio ni oportuno transponer directamente al ámbito del cambio climático la jurisprudencia existente en materia de medio ambiente, sino que es necesaria una evolución jurisprudencial del Tribunal para determinar su aproximación a los efectos nefastos de aquel en los derechos humanos.[51]

En efecto, las diferencias entre los asuntos ambientales y climáticos se proyectan tanto sobre el alcance del perjuicio que el daño ambiental o el debido al cambio climático pueden causar en los derechos humanos como sobre el nexo que puede establecerse entre el comportamiento de los Estados y el perjuicio resultante para los derechos de personas específicas. En el caso del daño ambiental el alcance del perjuicio en los derechos es mucho más localizado, centrándose como ya se señaló anteriormente en un marco geográfico y personal determinado, al circunscribirse a personas que residen en una zona donde se proyecta dicho daño. Y de esa misma forma el origen de ese daño está también mucho más delimitado, pudiendo identificarse un comportamiento concreto de uno o varios Estados que está en el origen del perjuicio causado a los derechos de esas personas que residen fuera de su territorio. Frente a eso, en el caso del cambio climático el alcance geográfico y personal de la afección de derechos es universal y esta no responde a comportamientos delimitados, sino que, como señala el propio Tribunal, se trata de un problema complejo y con múltiples capas,[52] es decir, que se debe a un conjunto muy amplio de comportamientos.

---

51   Sentencia del TEDH de 9 de abril de 2024, *Verein KlimaSeniorinnen…, op. cit.,* § 422. Aspecto en el que los Jueces de Estrasburgo insisten en su Decisión de inadmisibilidad en el asunto *Duarte Agostinho,* en la que se recuerda lo afirmado en el asunto anterior respecto de las diferencias existentes entre los litigios climáticos y los asuntos ambientales clásicos. La consecuencia que extrae el Tribunal en este asunto es que esas diferencias exigen una adaptación de su jurisprudencia para determinar el enfoque que puede adoptarse en relación con los efectos adversos del cambio climático en el disfrute de los derechos protegidos por la Convención. Decisión del TEDH de 9 de abril de 2024, *Duarte Agostinho…, op. cit.,* § 189.

52   *Ibid.,* § 193.

Y en cuanto al nexo entre comportamiento del Estado y perjuicio causado a los derechos de los demandantes específicos, en el caso del daño ambiental es un nexo directo y exclusivo, a diferencia del cambio climático en el que la relación entre el comportamiento de los Estados y el perjuicio de los derechos existe, pero no con carácter exclusivo, puesto que ese perjuicio no se debe solo al comportamiento de esos Estados sino también al de todos los demás. Es decir, que frente a la responsabilidad conjunta en el caso de afectación de derechos como consecuencia del cambio climático encontramos supuestos de responsabilidad exclusiva, de uno o varios Estados, en el caso de perjuicio de derechos derivados de afecciones ambientales.

Por tanto, mientras que en el caso de los daños ambientales el reconocimiento de la jurisdicción extraterritorial de los Estados tiene un alcance restringido e incluso previamente delimitado,[53] en los litigios climáticos supone, como ya se apuntó anteriormente e hizo saber el Tribunal, la práctica universalización de la Convención, a lo que se añade la globalización en cuanto a los comportamientos que pueden generar ese daño.

Lo dicho hasta aquí reduce la utilidad de los precedentes señalados, al menos desde la perspectiva de su aplicación a un sistema distinto en cuanto a su naturaleza como es el de la Convención, en el caso de la Decisión

---

53   En ese sentido, la Opinión Consultiva de la Corte se refiere a un supuesto concreto en el que el alcance de la jurisdicción del artículo 1.1 de la Convención Americana tiene límites precisos. De hecho, lo que Colombia plantea es la interpretación del Pacto de San José en relación con tratados ambientales que buscan proteger zonas específicas, como en este caso el Convenio de Cartagena de protección y desarrollo del medio marino en la Región del Gran Caribe. Es cierto que la Corte decide reformular la pregunta para referirse a la posible jurisdicción extraterritorial de los Estados en el sentido del citado artículo 1.1 del Pacto en el marco de obligaciones en materia ambiental. Corte Interamericana de Derechos Humanos. Opinión Consultiva OC-23/17..., *cit.*, § 32 y ss. Pero incluso en ese caso el alcance de la aplicación extraterritorial, tanto en el plano geográfico como en el material o el personal, es limitado y preciso a diferencia de lo que, como ya vimos, ocurre en el caso del cambio climático en cuanto a sus afecciones sobre los derechos humanos. Por otra parte, es cierto que la Corte alude en varias ocasiones al cambio climático, como por ejemplo destacando sus efectos adversos en el disfrute de los derechos humanos. *Ibid.*, § 49, 126 o 134, entre otros. Pero en ningún caso entra a analizar las circunstancias particulares del impacto de este en los derechos humanos que, como el Tribunal ya ha venido a señalar, exigen una aproximación específica en relación con ese derecho al clima, incluyendo el alcance de la jurisdicción extraterritorial de los Estados.

del Comité de Derechos del Niño, o de la traslación de la relación medio ambiente-derechos humanos al contexto, claramente diferente desde la perspectiva del nexo causal, de la relación cambio climático-derechos humanos. Las consecuencias que esa aplicación extraterritorial de la Convención tendría en el sistema de la Convención en su conjunto pueden explicar la posición prudente adoptada por el Tribunal en este asunto.

Conclusiones

La litigación climática viene consolidándose como instrumento que puede ayudar a intensificar el esfuerzo insuficiente de reducción de emisiones de GEI que resulta de la acción política y legislativa, tanto en el plano interno como, especialmente a la vista de los rasgos del cambio climático, en el internacional. A pesar de su aparición reciente el fenómeno de la litigación climática presenta un desarrollo notable tanto en los tribunales internos como en la acción de los órganos insertos en los mecanismos de protección internacional de los derechos humanos.

La llegada de esos litigios climáticos al sistema de la Convención suponía un nuevo paso en la consolidación del papel del Juez internacional de derechos humanos en relación con la intensificación del esfuerzo de mitigación. Sin embargo, la naturaleza del sistema de protección establecido por la Convención planteaba distintas cuestiones a tomar en consideración a este respecto, entre las que se incluye la posibilidad de aceptar la jurisdicción extraterritorial de los Estados como consecuencia del perjuicio causado por su acción insuficiente en materia de mitigación climática en los derechos de personas que residen fuera de su territorio.

Esa cuestión se planteaba de manera principal en el asunto *Duarte Agostinho,* cuya solución iba a marcar el devenir de posteriores asuntos en los que se pusiese sobre la mesa esta misma cuestión, algunos de los cuales se encuentran ya ante el Tribunal. A este respecto debe advertirse que si bien la aplicación extraterritorial de la Convención se ha planteado como una cuestión de coherencia e incluso de credibilidad tanto para el Tribunal como para los propios Estados Parte de la Convención; en el caso de los asuntos climáticos, las consecuencias resultantes de esa aplicación extraterritorial obligaban a un enfoque específico, que el Tribunal ha tratado de desarrollar en su Decisión de inadmisibilidad de 9 de abril de 2024.

La aproximación del Tribunal en ese caso, rechazando la existencia de un control de los Estados demandados sobre intereses de los demandantes protegidos por la Convención como motivo suficiente para habilitar la aplicación extraterritorial de esta, puede verse como una manifestación de prudencia o como la pérdida de una oportunidad por parte de los Jueces de Estrasburgo para jugar un papel de jueces climáticos que muchos les reclaman.

Pero, más allá de opiniones, lo que en ningún caso debe perderse de vista son las consecuencias que resultarían de esa aplicación extraterritorial y las aportaciones que derivarían de aquella. Y en ese sentido, como el propio Tribunal ha venido a señalar, aceptar el argumento de los demandantes equivaldría no solo a ampliar de forma ilimitada la jurisdicción de los Estados Parte, sino a introducir un nivel de incertidumbre e indefinición difícilmente aceptable. Así resulta de los rasgos del cambio climático, tanto de su carácter global como de la naturaleza difusa de las fuentes de emisión de GEI que causan los perjuicios a los derechos de las personas.

En consecuencia, la aceptación de esos argumentos de los demandantes, y, por tanto, de la aplicación extraterritorial de la Convención en los asuntos climáticos, hubiera acarreado una serie de riesgos para el funcionamiento del sistema, además de plantear una paradoja que debe tenerse en cuenta al valorar la aportación que en este punto puede esperarse del Tribunal. La paradoja consiste en que esa jurisdicción extraterritorial de los Estados Parte de la Convención abriría la puerta a su eventual responsabilidad por los perjuicios causados a los derechos de los demandantes como consecuencia de un fenómeno de responsabilidad conjunta. Es decir, que, por más que no sean los únicos responsables de esos perjuicios en los derechos de las personas, la responsabilidad respecto de estos se sustanciaría únicamente en relación con los Estados Parte de la Convención.

En cuanto a los riesgos puede citarse como uno de los más relevantes el de la amenaza de un incremento de la carga de trabajo del Tribunal como consecuencia de una eventual avalancha de Demandas climáticas, a la vista de la posibilidad de su presentación por cualquier persona en cualquier parte del planeta. Y a ello podría añadirse incluso una cierta desnaturalización del sistema de la Convención resultante de esa configuración del Juez de Estrasburgo como un Juez universal del clima. No debe olvidarse que este sistema es en esencia un mecanismo de protección de derechos individuales, que no ha sido creado para colmar cualquier laguna que pueda plantear la justicia en el plano internacional.

Entiéndase esto no como un rechazo al instrumento de la litigación climática, que no lo es en absoluto, pero sí como un aviso de la necesidad de analizar con visión crítica la utilidad que cada instrumento tiene y lo que puede dar de sí. Y es que la aplicación extraterritorial de la Convención en el caso de los litigios climáticos conduciría a asumir los riesgos señalados sin haber reflexionado acerca de lo que puede esperarse del Tribunal en relación con esta cuestión. A la vista del reducido efecto positivo que la intensificación del esfuerzo de mitigación de los Estados Parte de la Convención tendría en la reducción del volumen global de emisiones de GEI y de las especiales dificultades que plantea la ejecución de las sentencias de Estrasburgo en estos litigios climáticos, esa aportación del Juez europeo a la consolidación del fenómeno de la litigación climática tendría principalmente un valor simbólico, siendo una llamada de atención, que podría contribuir quizá a un mayor desarrollo de ese fenómeno especialmente en el plano interno de los Estados Parte de la Convención.

El problema es que si el precio que ha que pagar por ese valor simbólico es la afectación del funcionamiento del sistema de la Convención, quizá sea excesivo en relación con el resultado que puede obtenerse. Esta necesidad de ponderar aspectos respecto de los cuales debe observarse un equilibrio, especialmente el impacto de esos litigios climáticos en el funcionamiento del sistema de la Convención puede servir para entender la aproximación observada por los Jueces de Estrasburgo. Lo que no obsta que haya quien siga abogando por un Tribunal con competencia universal y capacidad para decidir en cualquier cuestión de Derecho internacional a través de su conexión con la afectación de derechos humanos.

ÍNDICE

Este libro se terminó de imprimir
en los talleres del Servicio de Publicaciones
de la Universidad de Zaragoza
en diciembre de 2025

☙